【现代种植业实用技术系列】

水稻优质高效生产技术

主　编　张培江

编写人员（按姓氏笔画排序）

王守海　苏泽胜　李泽福　李晓兵　吴　爽
邹　禹　张　勇　张培江　陈　刚　陈再高
陈周前　袁平荣　黄忠祥　程从新

时代出版传媒股份有限公司
安徽科学技术出版社

图书在版编目(CIP)数据

水稻优质高效生产技术 / 张培江主编. --合肥:安徽科学技术出版社,2021.12
助力乡村振兴出版计划.现代种植业实用技术系列
ISBN 978-7-5337-8535-2

Ⅰ.①水… Ⅱ.①张… Ⅲ.①水稻栽培-高产栽培 Ⅳ.①S511

中国版本图书馆 CIP 数据核字(2021)第 262941 号

水稻优质高效生产技术 主编 张培江

出 版 人:丁凌云 选题策划:丁凌云 蒋贤骏 王筱文 责任编辑:张楚武
责任校对:戚革惠 责任印制:梁东兵 装帧设计:王 艳
出版发行:时代出版传媒股份有限公司 http://www.press-mart.com
安徽科学技术出版社 http://www.ahstp.net
(合肥市政务文化新区翡翠路 1118 号出版传媒广场,邮编:230071)
电话:(0551)63533330
印 制:安徽联众印刷有限公司 电话:(0551)65661327
(如发现印装质量问题,影响阅读,请与印刷厂商联系调换)

开本:720×1010 1/16 印张:11.75 字数:157 千
版次:2021 年 12 月第 1 版 2021 年 12 月第 1 次印刷

ISBN 978-7-5337-8535-2 定价:36.00 元

出版说明

“助力乡村振兴出版计划”(以下简称“本计划”)以习近平新时代中国特色社会主义思想为指导，是在全国脱贫攻坚目标任务完成并向全面推进乡村振兴转进的重要历史时刻，由中共安徽省委宣传部主持实施的一个重点出版项目。

本计划以服务区域乡村振兴事业为出版定位,围绕乡村产业振兴、人才振兴、文化振兴、生态振兴和组织振兴展开,由“现代种植业实用技术系列”“现代养殖业实用技术系列”“新型农民职业技能提升系列”“现代农业科技与管理系列”“现代乡村社会治理系列”五个子系列组成,主要内容涵盖特色养殖业和疾病防控技术、特色种植业及病虫害绿色防控技术、集体经济发展、休闲农业和乡村旅游融合发展、新型农业经营主体培育、农村环境生态化治理、农村基层党建等。选题组织力求满足乡村振兴实务需求,编写内容努力做到通俗易懂。

本计划的呈现形式是以图书为主的融媒体出版物。图书的主要读者对象是新型农民、县乡村基层干部、“三农”工作者。为扩大传播面、提高传播效率,与图书出版同步,我们还配套制作了部分精品音视频,在每册图书封底放置二维码,供扫码使用,以适应广大农民朋友的移动阅读需求。

本计划的编写和出版,代表了当前农业科研成果转化和普及的新进展,凝聚了乡村社会治理研究者和实务者的集体智慧,在此谨向有关单位和个人致以衷心的感谢!

虽然我们始终秉持高水平策划、高质量编写的精品出版理念,但因水平所限,仍会有诸多不足和错漏之处,敬请广大读者提出宝贵意见和建议,以便修订再版时改正。

本册编写说明

水稻是我国重要的粮食作物。2014年以来，我国平均年种植水稻面积超4.58亿亩(1亩约为666.7米^2)，平均年产稻谷2.1亿吨以上，稻谷总产量占全国粮食总产量的35%以上，而全国有60%以上的人口以稻米为主食。因此，夺取水稻高产是国民经济持续发展和我国粮食安全的重要保障。随着人民群众对农产品质量要求的不断提高和国际、国内市场竞争的日趋激烈，逐步实现我国水稻的质量安全生产、提升我国稻米的品质、保障人民群众健康和增强市场竞争能力，不仅是水稻生产本身的需要，也关系到我国粮食生产的持续发展。因此，在提高稻谷综合生产能力、确保水稻总产和单产不断提高的基础上，加快实施优质稻米生产，对促进农业结构调整、提高稻米品质和食品安全、提高种稻经济效益均具有重要意义。

2021年7月，应安徽科学技术出版社之邀，我们编写了《水稻优质高效生产技术》一书。本书以稻米质量安全为基础，水稻优质高效生产技术为主线，将水稻生产技术与实践紧密结合，介绍了实用性强的水稻种植技术，既可供广大基层农业技术人员和干部、与水稻生产和管理相关的新型职业农民学习使用，也可供农业院校相关专业师生阅读、参考。

本书在编写过程中得到了安徽省农业科学院领导和水稻研究所领导的关心和支持，参阅了诸多稻作专家的有关资料，在此一并表示衷心感谢。

目 录

第一章 我国种植的水稻类型 …… 1

第二章 我国水稻种植区划与优良品种的选择 …… 4
第一节 我国水稻种植区划 …… 4
第二节 水稻良种的引种意义和原则 …… 6
第三节 水稻优良品种的标准和选择原则 …… 8
第四节 水稻良种的标准及种子质量鉴别 …… 10

第三章 优质水稻壮秧培育技术 …… 13
第一节 水稻适宜播种期的确定 …… 13
第二节 种子处理技术 …… 15
第三节 水稻育秧技术 …… 21

第四章 水稻高产优质栽培技术 …… 42
第一节 一季稻高产优质栽培技术 …… 42
第二节 双季稻高产优质栽培技术 …… 58
第三节 机插水稻高产栽培技术 …… 73
第四节 水稻直播高产栽培技术 …… 87
第五节 水稻抛秧高产栽培技术 …… 94
第六节 再生稻生产技术 …… 100

第五章　水稻有害生物综合防治技术…………………………113
第一节　水稻有害生物的综合防治………………………113
第二节　水稻主要病害及其防治技术……………………117
第三节　水稻主要虫害及其防治技术……………………135
第四节　稻田杂草及其防除技术…………………………142

第六章　水稻生产逆境防御及避灾减灾技术………………147
第一节　高温灾害…………………………………………147
第二节　低温灾害…………………………………………150
第三节　干旱灾害…………………………………………154
第四节　洪涝灾害…………………………………………157
第五节　盐碱灾害…………………………………………161

第七章　优质水稻收获与干燥、储藏与加工技术……………169
第一节　水稻收获与干燥技术……………………………169
第二节　优质稻谷和稻米储藏技术………………………172
第三节　优质稻米加工技术及包装、运输、贮存…………175

参考文献……………………………………………………180

第一章 我国种植的水稻类型

水稻是我国最重要的粮食作物之一,稻米历来是人民的主食之一。我国水稻种植面积不足粮食总种植面积的25%,而稻谷总产量却占粮食总产量的32%以上。

我国种植的水稻品种都属于亚洲栽培稻。农业科学家丁颖先生根据我国栽培稻的起源、演化和发展过程,提出我国栽培稻种的五级系统分类法。第一级可分为两个亚种,即籼亚种和粳亚种,也就是我们常说的籼稻和粳稻。粳稻又包括三个生态群,即普通粳稻、光壳稻和爪哇型。我国北方现在种植的粳稻基本上属于普通粳稻。第二级,按生长季节的不同来划分,分为早稻、中稻和晚稻。第三级,根据品种对土壤水分的适应性不同、栽培方式不同,可分为水稻和陆稻。第四级,根据淀粉性状的差异分为黏稻(非糯稻)和糯稻。以上各种类型的品种,又具有各种不同的熟期、性状,在分类上列入第五级,如根据生育期长短分为早熟品种、中熟品种和晚熟品种,根据植株高矮分为高秆品种和矮秆品种,等等。

1.籼稻和粳稻及其主要区别

籼稻和粳稻是亚洲栽培稻的两个亚种,两者在形态特征、生理功能以及栽培特点等方面均有较大的区别。

从形态特征和经济性状上看,一般籼稻的分蘖力较强,第一穗节较短,叶色较淡,叶片上茸毛较多,谷粒细长,稃毛短、硬、直,抽穗时壳色绿白,容易脱粒,籼米的直链淀粉含量一般较高,煮饭胀性大,黏性小。粳稻一般分蘖力不如籼稻,第一穗节较长,叶色较深,叶片上无茸毛,谷粒短圆,稃毛长、乱、软,抽穗时壳色较绿,不容易脱粒,粳米的直链淀粉含量较低,米饭黏性大,胀性小。籼粳亚种的形态分类和籼粳等级鉴别方法参考表1-1。

表 1-1 鉴别籼粳性状的等级及评分(程侃声,1993)

项目	等级及评分				
	0	1	2	3	4
稃毛	短、齐、硬、直、匀	硬、稍齐、稍长	中或较长、不太齐、略软或仅有疣状突起	长、稍软、欠齐或不齐	长、乱、软
酚反应	黑	灰黑或褐黑	灰	边及棱微黑	不染
1～2 穗节长	<2 厘米	2.1～2.5 厘米	2.6～3 厘米	3.1～3.5 厘米	>3.5 厘米
抽穗时壳色	绿白	白绿	黄绿	浅绿	绿
叶毛	甚多	多	中	少	无
长宽比	>3.5	3.5～3.1	3.0～2.6	2.5～2.1	<2

注:各项目的分数加起来后,0～8 分为籼,9～13 分为偏籼,14～17 分为偏粳,18～24 分为粳。

从生理特征和适应性看,籼稻一般吸肥性强,耐寒性较差,日平均温度在 12 ℃以上时才能发芽,适应性较好。粳稻则耐肥性强而吸肥性差,耐寒性较强,日平均温度达 10 ℃即可发芽,适应性较差。在温度适宜的情况下,籼稻叶片的光合速率高于粳稻,繁茂性好,易早生快发。

从地理分布上看,籼稻适于低纬度、低海拔的湿热地区种植,如我国的南方。粳稻则适于高纬度、高海拔地区种植,如我国的东北稻区、华北稻区和西北稻区,还有云贵高原的高海拔稻区和长江中下游单季稻和双季稻混种区。

当然,上面所说的区别也不是绝对的,如籼粳的粒型、叶毛、叶色区别最明显,但其中也有例外,如粳稻谷中有长粒型,籼稻谷中有短粒型。

2.杂交稻的概念及其类型

(1)杂交稻的概念

杂交稻是指两个遗传性不同的水稻品种或类型进行杂交所产生的具有杂种优势的子一代组合。与基因型为纯合的常规水稻不同,杂交稻的基因型是杂合的,其细胞质来源于母本,细胞核的遗传物质一半来自母本,一半来自父本。由于杂种 F1 代个体间的基因相同,因此,群体性状整齐一致,可作为生产用种。而从 F2 代起,由于基因分离,会出现株高、抽穗期、分蘖力、穗型、粒型和米质等性状分离,导致优势减退,产量下降,不能继续做种子使用。所以，杂交稻需要每年进行生产性制种，以获得足够的杂种一代种子，满足生产需要。

根据杂交稻亲本遗传性不同和种子生产途径不同，我国生产应用的杂交稻主要有三系杂交稻、两系杂交稻。三系杂交稻是利用不育系、保持系和恢复系三系配套，通过两次杂交程序生产的杂交稻种。两系杂交稻是利用光温敏核不育系和恢复系一次杂交生产的杂交稻种。根据籼粳类型和亲缘关系，又可分为三系杂交籼稻、三系杂交粳稻、三系籼粳亚种间杂交稻，以及两系杂交籼稻、两系杂交粳稻、两系亚种间杂交稻等不同类型。

（2）杂交稻和常规稻的差别

水稻是雌雄同花的自花授粉作物。杂交稻是利用杂交一代（F1）来进行水稻生产的，由于杂交一代的遗传基础是杂合体，杂种个体间遗传型相同，故从外观上看，群体整齐一致，可以作为生产用种。但从第二代（F2）起就会产生很大的性状分离，优势减退，产量明显下降，不能继续做种子使用。因此，杂交稻必须进行生产性制种。常规稻是通过若干代自交达到基因纯合的品种，个体遗传型相同，从外观上看，群体整齐一致，上下代的长相也一样，产量也不会下降。因此，常规稻不需年年换种，但也要注意提纯复壮。

（3）三系杂交稻和两系杂交稻的区别

三系杂交稻种子的生产需要雄性不育系、雄性不育保持系和雄性不育恢复系的相互配套。不育系的不育性受细胞质和细胞核的共同控制，需与保持系杂交，才能获得不育系种子；不育系与恢复系杂交，获得杂交稻种子，供大田生产应用；保持系和恢复系自交种子仍可做保持系和恢复系。

两系杂交水稻的生产只需不育系和恢复系。其不育系的育性受细胞核内隐性不育基因与种植环境的光长和温度共同调控，并随光温条件变化产生从不育到可育的育性转换，其育性与细胞质无关。利用光温敏不育系随光温条件变化产生育性转换的特性，在适宜的光温时期，可自交繁殖种子。而三系不育系必须与保持系按一定行比相间种植，依靠保持系传粉异交结实生产不育系种子。两系杂交稻的杂种优势表现及其机制与三系杂交稻一样，都是利用两个遗传组成不同的亲本杂交产生杂种一代种子。

第二章 我国水稻种植区划与优良品种的选择

第一节 我国水稻种植区划

水稻属喜温好湿的短日照作物。可以根据不同热量、水分、日照、安全生长期、海拔、土壤等生态环境条件和生产条件、稻作特点，划分水稻种植区域，进行水稻生产布局。其中热量资源是影响水稻布局的最重要因素。根据热量资源状况，可以确定水稻的种植制度。热量资源（年≥10 ℃积温）为 2 000~4 500 ℃的地区适于种一季稻；4 500~7 000 ℃的地区适于种双季稻，5 300 ℃是双季稻的安全界限；7 000 ℃以上的地区可以种植三季稻。根据稻作区划，可将全国水稻生产区划分为 6 个稻作区和 16个亚区。

一、华南双季稻稻作区

该区位于南岭以南，是我国最南部的水稻生产区，包括闽、粤、桂、滇的南部以及台湾、海南全部，计 194 个县。水稻种植面积占全国水稻种植面积的18%。

该区可分为三个亚区。一是闽、粤、桂、台平原丘陵双季稻亚区，年≥10 ℃积温的热量资源为 6 500~8 000 ℃，籼稻安全生育期（日平均气温稳定通过 10 ℃始现期至≥22 ℃终现期的间隔天数）为 212~253 天，粳稻安全生育期（日平均气温稳定通过 10 ℃始现期至≥20 ℃终现期的间隔天数）为 235~273 天。二是滇南河谷盆地单季稻亚区，年≥10 ℃积温的热量资源为 5 800~7 000 ℃，籼稻安全生育期在 180 天以上，粳稻安全生育期在 235 天以上。三是琼雷台平原双季稻多熟亚区，年≥10 ℃积温的热量资源为 8 000~9300 ℃，籼稻安全生育期在 253 天以上，粳稻安全生育期在 273 天以上。

二 华中双单季稻稻作区

该区东起东海之滨，西至成都平原西缘，南接南岭，北毗秦岭、淮河，包括苏、沪、浙、皖、赣、湘、鄂、川、渝等省、直辖市的全部或大部和陕、豫两省南部，是我国最大的稻作区，占全国水稻种植面积约 68%。

该区可分为 3 个亚区。一是长江中下游平原双单季稻亚区，年≥10 ℃积温的热量资源为 4 500~5 500 ℃，籼稻安全生育期为 159~170 天，粳稻安全生育期为 170~185 天。二是川陕盆地单季稻两熟亚区，年≥10 ℃积温的热量资源为 4 500~6 000 ℃，籼稻安全生育期为 156~198 天，粳稻安全生育期为 166~203 天。三是江南丘陵平原双季稻亚区，年≥10 ℃积温的热量资源为 5 300~6 500 ℃，籼稻安全生育期为 176~212 天，粳稻安全生育期为 206~220 天。

三 西南高原单双季稻稻作区

该区地处云贵高原和青藏高原，共 391 个县（市）。水稻种植面积占全国水稻种植面积约 8%。

该区可分为 3 个亚区。一是黔东、湘西高原山地单双季稻亚区，年≥10 ℃积温的热量资源为 3 500~5 500 ℃，籼稻安全生育期为 158~178天，粳稻安全生育期为 178~184 天。二是滇川高原岭谷单季稻两熟亚区，年≥10 ℃积温的热量资源为 3 500~8 000 ℃，籼稻安全生育期为 158~189 天，粳稻安全生育期为 178~187 天。三是青藏高寒河谷单季稻亚区。

四 华北单季稻稻作区

该区位于秦岭、淮河以北，长城以南，关中平原以东，包括京、津、冀、豫和晋、陕、苏、皖的部分地区，共 457 个县（市）。水稻种植面积仅占全国水稻种植面积约 3%。年≥10 ℃积温的热量资源为 3500~4500 ℃，水稻安全生育期为 130~140 天。该区包括 2 个亚区，即华北北部平原中早熟亚区和黄淮平原丘陵中晚熟亚区。

五 东北早熟单季稻稻作区

该区位于辽东半岛和长城以北，大兴安岭以东，包括黑龙江、吉林全部和辽宁大部及内蒙古自治区东北部，共184个县(旗、市)。该区水稻面积仅占全国水稻种植面积约10%。年≥10 ℃积温的热量资源少于3 500 ℃，水稻安全生育期为100~120天。该区包括2个亚区，即黑吉平原河谷特早熟亚区和辽河沿海平原早熟亚区。

六 西北干燥区单季稻稻作区

该区位于大兴安岭以西，长城、祁连山与青藏高原以北。银川平原、河套平原、天山南北盆地的地缘地带是主要稻区。该区水稻面积仅占全国水稻种植面积的0.5%。年≥10 ℃积温的热量资源为2 000~5400 ℃，水稻安全生育期为100~120天。该区包括3个亚区，即北疆盆地早熟亚区、南疆盆地中熟亚区和甘宁晋蒙高原早中熟亚区。

第二节 水稻良种的引种意义和原则

一 水稻良种的引种意义

广义的引种，泛指从外地区或外国引进水稻新品系、新品种，以及为育种和有关理论研究所需要的各种遗传资源材料。从当前生产的需要出发，水稻良种引种系指从外地区或外国引进水稻新品种或新品系，通过适应性试验，直接在本地区或本国推广种植。这项工作虽然并不创造新品种，却是解决生产发展上迫切需要新品种的迅速有效的途径。

二 水稻良种引种原则

引种时必须了解原产地的生态条件、品种本身的特征特性、引入地的生态条件、两地生态环境的差异，以及这些差异会导致品种发生什么改变等问题。原产地与引入地主要生态条件的差异，表现为纬度和海拔的差异，并由此导致日照长度、日照强度和温度的差异，土质和雨量的差异，以及品种栽培技术的改变，等等。因此，引种时要掌握以下原则：

1.南种北引

南方水稻种子引到北方种植，即高纬度地区从低纬度地区引种，遇日照变长、温度变低环境，表现为抽穗推迟、生育期延长。若引入低纬度地区的早稻早、中熟品种和中稻早熟品种，或感光性弱、对纬度适应范围较宽的品种，引种较易成功。但晚稻品种北引，因其感光性强，遇长日照条件不能抽穗，或抽穗过迟，后期遇低温，不能正常灌浆结实。因此，华南地区的感光晚籼品种不能引至长江流域，长江流域的晚稻品种不能引至华北种植，热带地区品种不能引入东北地区栽培。

2.北种南引

北方水稻种子引到南方种植即低纬度地区从高纬度地区引种，遇短日照和高温环境，会出现抽穗提早、生育期缩短的现象。因此，应选择生育期较长的中迟熟品种。做早稻栽培，应早播；做晚稻栽培，宜迟播。

3.同纬度、同海拔地区间的引种

由于光温条件相近，生育期和性状变化不大，引种较易成功。原产于日本南部的“农垦 58”和原产于韩国的“密阳 46”，引至我国长江流域各省，均获成功。浙江省的“二九青”“浙 733”等品种引进江西和湖南等省作为早稻种植，获得了较好的效果。通常，由东亚和欧洲地区引进的粳稻品种，适宜在我国的黑龙江省和吉林省种植；日本东北和北部地区的品种，适宜引入我国华北和辽宁省南部种植；日本关东地区的品种，适宜引入我国山东省、河南省和陕西省中南部种植；日本南部地区和韩国的水稻品种，适宜引入我国长江流域作为中、晚稻种植。

4.纬度相近、不同海拔地区间的引种

海拔越高，温度越低，一般海拔每升高 100 米，日平均气温降低 0.6 ℃。由低海拔地区引至高海拔地区的水稻品种，生育期延长，故宜引入低海拔地区的早熟品种。由高海拔地区引至低海拔地区的水稻品种，生育期缩短，宜引入高海拔地区的迟熟品种。另外，还要注意籼粳稻带的分布，如云、贵、川稻区海拔 1 800 米以上，一般仅宜栽培一季粳稻，中等

海拔地区一般为籼粳稻混栽区,低海拔地区多为籼稻栽培区。

引种时,引入的品种数要多些,而每个品种的种子数量以满足供初步试验研究为度。引入的品种,必须通过引种试验评价。以当地具有代表性的推广良种为对照,布点进行系统的比较观察和鉴定,包括生育期、感光性、产量潜力、病虫抗性和稻米品质等。引种试验包括观察试验、品种比较试验和区域试验、生产试验。在品种比较试验、区域试验和生产试验中表现优异,产量、品质和抗性均符合本地要求的引进品种,可报请当地品种审定委员会审定,经审定合格并批准后,方可在当地推广。

第三节　水稻优良品种的标准和选择原则

一 水稻新品种的概念

水稻新品种通常是指人类在一定的生态和经济条件下,根据人类的需要所选育的水稻群体,该群体具有相对稳定的遗传特性,在生物学、形态学及经济性状上表现为相对一致性,并与其他水稻群体在特征特性上有所区别,在相应地区和栽培条件下可以种植,在产量、抗性和米质等方面都能符合水稻生产需求。

二 水稻优良品种的标准

水稻优良品种除具备水稻新品种的基本条件外,还应具备以下几个方面的条件:

1.产量高

高产是优良品种的最基本条件,水稻产量是由单位面积有效穗数、每穗总粒数、结实率和千粒重共同决定的。

2.适应性广

是指适宜在大面积生产上推广应用,在不同的土壤、气候和栽培条件下,以及同一地区不同年份栽培,都能生长良好并获高产。

3.品质好

要求一是加工出米率高，二是外观好看，三是好吃；在评价米质优劣的诸多指标中，整精米率、垩白率、垩白度、直链淀粉含量和食味最为重要。为此，农业部于 2002 年颁布了《食用稻品种品质》(NY/T 593—2013)行业标准。

4.抗逆性强

抗逆性包括生物抗性(如抗稻瘟病、白叶枯病、稻飞虱等)和非生物抗性(包括耐旱、寒、涝和高温等)。

由于各地的气候条件、地理条件和地势情况、土壤肥力和质地、雨水等条件不同，形成了生态条件的多样性，所以要选择适宜本地区生态环境条件，熟性好、耐肥、抗病、抗倒伏、高产稳产、品质优良，并能够安全成熟的品种。特殊地区应注意选择适应能力强的水稻品种，如抗寒性、耐涝性、耐旱性、耐盐碱性等强的品种。生产上应用的品种，应保持相对稳定，不要轻易求新和更换品种。更换新品种一定要谨慎，要选择经过试验、示范和丰歉年的考验，经过省级品种审定委员会审定或专家认定的品种，在稳产的基础上求高产，实现安全生产、增产增收的目标。

随着人们生活水平的不断提高，市场对优质米的需求日益增加，在更新水稻品种时，除要保证该地区粮食生产的安全，达到持续高产稳产外，还要注意提高稻米的品质，不但要有良好的营养品质、食味品质、蒸煮品质，还应具有良好的加工品质、外观品质，增加水稻产品的附加值和市场竞争力。

三 选择优良水稻品种的原则

1.选择优良水稻品种的原则

优质水稻生产，首要的核心措施是品种选择。由于各地生产上应用的水稻品种很多，而且在不断更新，故很难指某一个或一些品种，在实际操作中，选择优质水稻品种应坚持以下几个原则，以选取适宜的优质水稻品种(系、组合)：

(1)稻米品质要达到国标优质稻谷三级以上；

(2)要有较好的综合性状等生产优势；

(3)要通过审定定名或进入生产试验；

(4)要有较强的适应性能。

2.选用优良水稻品种必须进行合理搭配与布局

在选用优良水稻品种的基础上，首先要做好作物品种的搭配与布局，尤其在多熟制条件下更要高度重视，力争季季优质高产、年年丰收增产、年年增效增收。目前我国大多数种植户种植的水稻规模不大，单靠优质水稻还难以很快致富。因此，依据市场需求，开展多种经营，形成以提升效益为导向的水稻生产体系，必须因地制宜做好优质稻米前作后茬的作物搭配、品种布局和品质安排，才有可能增产增效，提高收益。

从一个生态区的范围考虑，要坚持因地选择适宜品种，在优良水稻品种的定向方面，既不能过多又不能过于单一。特别是一个生产经营单位，如果品种过多，一方面不利于栽培管理，容易造成不同品种之间的机械混杂，直接影响稻米的纯度；另一方面，会给脱谷、加工、包装带来诸多不便。品种过分单一，则不利于应对自然灾害，不利于防止病虫害的发生，不利于劳动力的分散，也不利于满足市场的需求。主栽品种应以充分利用本地光热资源为前提，以便充分发挥本品种的增产潜力。

因此，对一个地区品种布局的合理性，应建立在全局综合因素的稳定性和信息的准确性的基础上。要建立在市场竞争意识很强的氛围中，既要有充分的预测和超前性，又不能带有太多的盲目性。坚持当地优质水稻主栽品种1~2个，适当搭配1~2个辅助品种，主栽和辅助品种不宜超过3个。

第四节　水稻良种的标准及种子质量鉴别

一　水稻良种的标准

优良种子首先要求其在遗传特性上具备优良品种的条件，其次要求种子本身质量要好。种子质量广义上指的是种子的品种品质和播种品质。品种品质包括种子的真实性和品种纯度;播种品质包括种子是否清洁干净、有无其他作物种子,是否充实饱满,是否出苗正常、整齐,是否感染病虫害,是否干燥耐贮等。狭义上的种子质量主要包括种子的净度、发芽率、水分和纯度4项指标,见表2-1。

表2-1 《粮食作物种子质量标准—禾谷类》(GB 4404.1—2008)
水稻种子质量指标

作物名称	种子类别		纯度不低于(%)	净度不低于(%)	发芽率不低于(%)	水分不高于(%)
水稻	常规种	原种	99.9	98	85	13.0(籼) 14.5(粳)
		大田用种	99.0			
	不育系 保持系 恢复系	原种	99.9	98	80	13.0
		大田用种	99.5			
	杂交种	大田用种	96.0	98	80	13.0(籼) 14.5(粳)

注:(1)长城以北和高寒地区的种子水分允许高于13%,但不能高于16%。若在长城以南(高寒地区除外)销售,水分不能高于13%。

(2)稻杂交种质量指标适用于三系和两系稻杂交种子。

二 水稻种子质量鉴别

种子质量检验主要分为田间检验和室内检验两部分。田间检验是在水稻生育期间,对繁殖、制种田块的种子真实性、品种纯度进行抽样检验,确定是否可以作为留种田。室内检验是在种子销售前,对其净度、发芽率、水分进行检测,确定是否可以使用。室内检验主要分三个步骤:

1.扦取样品

按照GB/T 3543种子检验规程要求,抽取具有代表性的种子样品。

2.样品检验

严格按照GB/T 3543种子检验规程操作,确保数据准确无误。

3.出具检验报告

将所检验的各个单项结果填入检验报告单, 对照国家质量标准,提出质量判定意见。

在水稻种子4项指标中，如发生净度、水分不合格问题，可以采取补救措施。净度低问题可以采取种子精选加工的措施解决，水分高问题可以采取翻晒种子降低水分的措施解决。但对纯度低、发芽率低的种子无法采取补救措施。

被检种子的净度、发芽率、水分、纯度有一项指标低于国家水稻种子质量标准的，被视为不合格种子。有以下两种情形的种子为假冒种子：

（1）以非种子冒充种子或以此种子冒充其他种子的；

（2）种子种类、品种、产地与标签标注的内容不符的。

第三章 优质水稻壮秧培育技术

第一节 水稻适宜播种期的确定

一 确定适宜播种期的意义

水稻播种期与各地区气候、耕作连作制度、品种特性、病虫害发生期及劳动力的安排密切相关，在生产实践中，安排适宜的播种期就能协调好上述各因素，达到趋利避害、提高产量和改进品质的目的。其中最为重要的是气候条件，如播期不当，水稻灌浆结实期遇高温，结实率、糙米率、精米率和整精米率都会降低，垩白度、垩白率显著提高，蒸煮品质变劣，食味变差。

生育后期光照不足或气温过低，往往造成抽穗不畅不齐，空秕粒增加或籽粒充实不良，青米增多，既影响产量又影响品质。因此，应在茬口、光温条件适宜范围内，因种、因茬口安排播种期，力争产量和米质形成期与最佳光温资源条件同步，灌浆结实期尽量避开高温或低温，以及台风、暴雨、病虫等自然灾害。这方面各地都有丰富的实践经验可作为依据。

二 适宜播种期的确定因素

决定播种期的早或迟，主要考虑以下三个因素：

1.适期早播

在力争保证安全出苗和正常生长的前提下，增加营养生长时间，提高产量。各地以春季常年平均气温稳定通过 10 ℃和 12 ℃初日，分别为粳稻和籼稻露地育秧的最早播种期限。如果是薄膜覆盖保温育秧，还可提早播种期 7~10 天。

2.推迟播种

在能保证安全齐穗和灌浆成熟的前提下，适当推迟播期，可以避开或减轻一些病虫危害和自然灾害，降低生产成本。所谓安全齐穗成熟，即各地要以秋季日平均气温稳定通过 20 ℃、22 ℃、23 ℃的终日，分别作为粳稻、籼稻、籼型杂交水稻的安全齐穗期。

3.茬口衔接

北方单季稻区，包括华北单季稻稻作带、东北早熟稻稻作带和西北干燥区单季稻稻作带，由于只能栽培单季稻，茬口衔接一般没问题，主要取决于气候条件。南方稻区因属多熟制稻区，水稻季别和茬口多样化，播种期的确定，除了要考虑秧苗生长和齐穗灌浆的安全外，还要注重上下茬口的衔接问题，以利全年增产。

三 薄膜旱育秧播种期的确定

对于保温旱育秧，由于秧床内温度较高，在播种起点温度上，可由公认的日平均温度 10~12 ℃提早到平均温度为 7~8 ℃的时间。实际上，三叶期旱育秧的抗冷性能在 5~7 ℃，故可比露地育秧提早 10~15 天播种，以充分利用早期光温条件。

但最佳播种期确定仍然要根据露地育秧最佳播种期确定的基本原则综合考虑，使抽穗灌浆结实期处于当地最佳光温条件下，保证产量和品质。该方法适宜于北方地区和南方早稻种植区。对于南方稻区的一季中稻而言，生产上并不一定要早播。如据试验和调查，安徽省和江苏省的淮北稻区的最佳抽穗扬花期粳稻为 8 月 20 日—25 日，籼稻为 8月 15 日—20 日；江淮稻区最佳抽穗扬花期粳稻为 8 月 25 日—28 日，籼稻为8月 20 日—25 日；沿江江南稻区单季晚粳稻最佳抽穗扬花期为 8 月 28 日至 9月3 日，籼稻为 8 月 25 日—31 日。

最佳抽穗扬花灌浆期确定后，再根据所选用的水稻品种从播种到抽穗的积温或生育天数向前推算，确定最佳播种期和移栽期。一般来说，播种期多在 5 月份，此时气温已升高，旱育秧虽然不需要保温措施，但仍要注意保湿和防止鼠雀危害，故应采用秸秆覆盖或短期地膜平铺覆盖。

第二节　种子处理技术

水稻播种前要经过一系列的种子处理，确保水稻苗齐苗壮，为水稻生产提供足够数量健康的秧苗打好基础。播种前水稻种子处理主要有晒种、选种、发芽试验、种子消毒、浸种和催芽等程序。

一　晒种与精选

1.晒种

晒种的方法一般是将种子薄薄地摊开在晒垫上，晒 1~2 天，勤翻动，使种子干燥度一致。晒种可以有效地提高种子的发芽率和发芽势，主要原因有四个方面：

（1）晒种可促进种子的后熟和提高酶的活性。水稻种子收获后，虽然经过晒干扬净后再进仓，但由于成熟度和干燥度不一，贮藏期间的空气湿度和温度也都会有变化，若种子吸湿，呼吸作用变旺盛，种子内养分消耗多，往往导致种子发芽能力减弱，发芽势降低。经过晒种，可以增强种皮的通透性，使之在浸种时吸水均匀，提高酶的活性。

（2）晒种可促使氧气进入种子内部。种子发芽需要游离的氧气，氧气是种胚形成赤霉素或将结合状态的赤霉素转变为自由态赤霉素的首要条件。赤霉素可以诱导 α–淀粉酶的形成，催化淀粉降解为可溶性糖，以供种胚呼吸和幼根、幼芽形成新细胞之用。

（3）晒种可降低谷壳内胺 A、谷壳内胺 B、离层酸和香草酸等物质的浓度，这些物质浓度高时对发芽有抑制作用。

（4）太阳光谱中的短波光如紫外线具有杀菌能力，因此，晒种有一定的杀菌作用。

2.种子精选

（1）种子精选的意义

由于秧苗三叶期以前，其生长所需的养分主要由种子胚乳本身供应，种子饱满度与秧苗的壮弱有密切关系，充实饱满的种子是培育壮秧的物质基础。因此，选用粒饱、粒重和大小整齐的种子是培育壮秧的一项有效措施。精选种子还可以剔除混在种子中的草籽、杂质、虫瘿和病粒等，提高种子质量。

(2)种子精选的方法

一般采用盐水溶液或硫酸铵溶液选种，溶液的浓度要依据不同品种和种子质量而定，溶液相对密度一般籼稻为1.08~1.10，粳稻为1.1~1.12，即100千克水加10~12.5千克食盐或硫酸铵。溶液选种后，要用清水洗净种子。

二 测定种子发芽率和发芽势

1.播种前测定种子发芽率和发芽势的意义

种子在贮藏过程中受到温度、湿度等环境条件的影响，其生命力会不同程度地降低，甚至因受到化肥、农药等化学物质的污染而全部或部分丧失生命力。若不经过检查就盲目播种，往往因发芽率低或发芽势弱而出苗不齐，或出苗和成苗率低，秧苗数量不足，给生产造成重大损失。因此，了解种子质量是十分重要的。播种前必须做好种子发芽率和发芽势的测定和检验。通过发芽率可知道种子有多少能发芽，发芽率的高低影响到种子用量；通过发芽势的强弱，可知道种子发芽快慢和整齐度。这些在生产上都有实用意义。

2.种子发芽率和发芽势的测定方法

从经过净度测定后的种子中，随机取出200~400粒，分成两组或四组(每组100粒)，分别放在铺有湿纸或湿沙的器皿中，放在恒温箱、植物生长箱或暖室(处)保持适宜的温度(30~35 ℃)，一般经过3~4天计算发芽势，6~7天计算发芽率。

发芽势=在规定天数内发芽的粒数/供测定的种子粒数×100%

发芽率=全部发芽种子粒数/供测定的种子粒数×100%

三 浸种

1.浸种

种子从休眠状态转化为萌芽状态，如果没有足够的水分、适当的温湿度和充足的空气，要萌动是不可能的，而吸足水分是种子萌动的第一步。种子在干燥时，含水量低，细胞原生质呈凝胶状态，代谢活动非常微弱。只有吸足水分，使种皮膨胀软化，氧气溶于水中，随水分吸收渗入种子细胞，才能增强胚和胚乳的呼吸作用。原生质也随水分的增加由凝胶变为溶液，自由水增多，代谢加强，在一系列酶的作用下，胚乳贮藏的复杂的不溶性物质转变为简单的可溶性物质，供幼小器官生长。有了水分也便于有机物质迅速运送到生长中的胚芽、胚根中去，加速种子发芽进程。所以把好浸种关，是做好催芽工作的重要环节。

2.浸种时间与水温的关系

浸种时间长短与水温关系密切，欲达到吸足水分标准，水温 10 ℃，需浸种 90 小时；水温 30 ℃，需浸种 40 小时。所以浸种时水温较低，浸种时间要长 2~3 天；反之水温高时，浸种时间可缩短 1~2 天。粳稻吸水比籼稻慢，浸种日数要长 1 天。从种子吸取的水分量即饱和度来看，籼稻约占种子重的 25%，粳稻约占 30%。籼稻、粳稻的最低吸水量分别在 15%和 18%以上，即在种子吸水量饱和度在 60%以上时即可发芽。

3.种子吸足水分的特征

吸足水分的稻谷，谷壳半透明，谷壳颜色变深，腹白分明可见，胚部膨大突起，胚乳变软，手碾成粉，折断米粒无响声，否则说明吸水不足。

4.浸种过程中注意事项

（1）要根据品种说明书，正确掌握浸种时间，杂交稻种子一般浸种时间要短，常规粳稻浸种时间要长。

（2）要使种子充分浸入水中，使种子吸水充足、均匀。

（3）浸种前和浸种过程中必须洗净种子，更换清水，最好将稻种装入麻（草）袋等容器内，直接放到流动水中浸泡，从而使种子吸入新鲜水分。

四 催芽

1.芽谷标准

根据不同育秧方式的要求，可将种子催成粉嘴谷（即谷种刚露白）或芽谷。稻种催芽就是根据种子发芽过程中对温度、水分和氧气的要求，利用人为措施，创造良好的发芽条件，使种子发芽达到“快、齐、匀、壮”的目的。大多数育秧方式都需要在播种前对种子进行催芽，但晚稻播种时气温已高，多不催芽，旱育秧也有不催芽的。一般要求3天内能催好芽，发芽率在90%以上。芽谷的根芽要整齐一致，幼芽要粗壮，根与芽比例适当（芽相当于半粒谷长，根相当于一粒谷长），颜色鲜白。

2.催芽方法和注意事项

水稻催芽的方法很多，主要有蒸汽催芽、催芽机催芽、火炕催芽、限水催芽、大堆催芽、塑料棚催芽等。蒸汽催芽需要设备和燃料，技术较难把握，不宜普及。催芽机催芽需专用设备和动力，但适用于机械插秧和种田大户。火炕催芽适合用种少的农家使用，但应加强管理，如不及时管理，易致上下层种子受热不均匀，发芽长短不齐。限水催芽方法简单，但需要经常浇温水，因为不翻种，发芽不整齐。大堆催芽多在联产承包以前集体生产时应用，靠人工加温，保温措施较简单，种温提高得慢，发芽时间长，发芽长短不齐。塑料棚催芽，把大堆催芽和塑料棚催芽工艺相结合，靠自然加温，种子受热均匀，发芽整齐，适合广大农村推广使用。

催芽过程中应注意防止高温烧芽，发芽最低温度为10~12 ℃，最适温度为30~32 ℃，最高温度为40 ℃，长时间超过42 ℃，会抑制胚芽和胚根生长，致使原生质停止活动，根和芽死亡。破胸前不补水，破胸后要翻种，使种子发芽均匀。破胸后适当补水。注意通气增氧，可催出茁壮的好芽。

催芽过程中出现酒糟气味多半发生在种芽破胸高峰期。因为这时种子呼吸旺盛，需要大量氧气，如不及时翻堆散热通气，种堆当中极易产生高温（40 ℃或更高）。高温缺氧，种子就会进行无氧呼吸，引起酒精积累中毒，随之产生酒糟气味，种芽也常常受到高温灼烧。被高温灼伤的种子，酶的活性被破坏，发芽慢而不齐，甚至成为哑种。已发芽的种芽出现畸形，根尖和芽尖变黄甚至枯死。严重时种子粘手,伴有浓重的酸味。

为防止烧芽或产生酒糟气味,在催芽过程中必须经常检查。破胸后发现温度超过 30 ℃,应及时翻堆散热。如有轻微酒糟气味时,应立即散堆摊晾,降低种温,并用清水洗净,待多余水分控净,再重新上堆升温催芽,这样可以挽救大部分种子。

3.催芽关键技术

根据种子发芽对温度的要求,催芽的关键技术是高温破胸、适温催芽、低温晾芽。

(1)高温破胸:将吸足水分的种子用 50~60 ℃的温水浸泡 3~5 分钟,再入窖并保持 38~40 ℃的温度,使种子在高温(38 ℃)下破胸。种子在较高温度下发芽快而整齐。

(2)适温催芽:种子破胸后,稻谷的呼吸作用迅速增强,产生大量的热能,温度就会迅速上升。此时要进行翻堆,淋水降温,将种堆摊薄,使种子保持在25~30 ℃适温下发芽,淋水温度不宜太低,逐渐降温到 25 ℃左右,种堆保持湿润,保持供氧。

(3)低温炼芽:当芽达到标准时,就可在室温下炼芽,增强其适应秧田环境的能力。如果热种下田,幼芽受到骤冷刺激,容易产生死芽。炼芽时机以种谷已降温为好。这要求催芽和做秧田配合好,一般第一天上堆,第二天破胸,第三天上午炼芽,下午可落谷。如遇下雨或寒流可延长炼芽时间,待“冷尾暖头”时抢晴播种。

五 种子的消毒

1.种子消毒的意义

水稻的病虫害有些是由种子带菌或带虫传播的,为了杀死附在种子表面和颖壳与种皮之间的病原菌,如水稻的恶苗病菌、立枯病菌、稻曲病菌、白叶枯病菌、稻瘟病菌、胡麻叶斑病菌等,可用浸种消毒的办法,这是防治病虫害经济有效的措施,方法简单易行,经济实惠,有良好的防病治病效果。

2.种子消毒的方法

生产上一般将浸种和消毒结合进行，主要方法有温汤浸种、石灰水浸种、药剂浸种等。种子消毒选用的药剂应符合稻米生产农药使用准则的要求。

(1)温汤浸种

先将种谷在冷水中浸 24 小时，然后在 40~45 ℃的温水中浸 5 分钟，再移入 54 ℃的温水中浸 10 分钟，以后将水温保持在 15 ℃左右浸至吸水达饱和。温汤浸种可以杀死稻瘟病、恶苗病的病菌以及干尖线虫等。

(2)石灰水浸种

其杀菌的原理是石灰水与二氧化碳接触而在水中形成碳酸钙结晶薄膜，隔绝了空气，从而使种子上吸水萌发的病菌得不到空气而闷死。方法是先将石灰化开过滤，50 千克水加入 0.5 千克生石灰，然后把种子放入石灰水内，水面应高出种子 17~20 厘米。在浸种过程中，注意不要搅动，以免弄破石灰水表面薄膜导致空气进入而影响杀菌效果。浸种时间因气温不同而异。

(3)药剂浸种

强氯精浸种：强氯精 300 倍液浸种，先清水预浸 12 小时，再用药水浸 12 小时，然后用清水洗净，最后清水浸至吸水达饱和。必须注意的是，当种子颖壳闭合不好，特别是米粒裸露时，如人工剪颖结实种子，用强氯精浸种会影响发芽率，严重的会造成种子不发芽。

“401”浸种：401 是一种抗菌剂，以 1:(500~1 000)倍的稀释液浸种 2天，既能杀死稻瘟病和恶苗病的病菌，又能促进种子发芽。但注意 401 药剂对皮肤有强烈的刺激性，操作时应特别小心；401 药剂不能在铁器内配制，否则药剂会分解失效。

福尔马林浸种：用福尔马林(即 40%甲醛)0.5 千克加水 25 千克配成 50 倍稀释液。先将种谷用清水预浸 1~2 天，再在稀释液中浸 3 小时，浸后用清水洗净，然后用清水浸至吸水达饱和。

三环唑浸种：用 20%的三环唑可湿性粉剂 400 克，加水 50 千克，配成 0.16%的药液，浸种 48 小时；或用 75%三环唑可湿性粉剂配成 500倍液，浸种48小时后再催芽，对防治稻瘟病效果明显。

咪酰胺浸种：用10毫升咪酰胺加水40~50千克，浸稻种30~40千克，浸5~7天，捞出后直接催芽。对水稻恶苗病有良好防治效果，对苗稻瘟、纹枯病、稻曲病等多种水稻病害也有良好防治效果。

专用浸种剂浸种：目前一些科研单位已研制出多种水稻浸种剂，一般这些浸种剂均是多功能的，既有消毒杀菌的功效，又有壮根健苗的作用，使用时应根据生产厂家的说明严格控制浸种时间、浓度等。

第三节　水稻育秧技术

培育壮秧是增产的基础。壮秧最重要的指标是移栽后根系爆发力强，缓苗期短，分蘖按期早发，有利于对高产群体的培育按计划调控。水稻育秧有湿润育秧、旱育秧、塑料软盘育秧等方式，不同的育秧方式，壮秧的形态指标不尽相同。

根据灌溉水的管理方式不同，水稻育秧方式可分为水育秧、湿润育秧、旱育秧以及塑料薄膜保温育秧、两段育秧、塑料软盘育秧等多种形式。下面重点介绍湿润育秧、塑料薄膜保温育秧、旱育秧、塑料软盘育秧、工厂化育秧等常用育秧方法。

一　湿润育秧技术

湿润育秧，也叫半旱秧田育秧，是介于水育秧和旱育秧之间的一种育秧方法，是水整地、水作床，湿润播种，扎根立苗前秧田保持湿润通气以利根系生长，扎根立苗后根据秧田缺水情况，间歇灌水，以湿润为主。该育秧方式容易调节土壤中水气矛盾，播后出苗快，出苗整齐，不易发生生理性立枯病，有利于促进出苗扎根，防止烂芽死苗，也能较好地通过水分管理来促进和控制秧苗生长，已成为替代水育秧的基本育秧方法。湿润育秧的主要技术要点有以下六点：

1.秧田选择

秧田宜选择排灌方便、背风向阳、土质松软、杂草少、肥力较高的田块。

2.整地

早整地、早作床、水找平，使苗床上平下松，通透性好，有利于根系生长。

3.施肥

施足底肥，增施腐熟农家肥和营养土。

4.播种

播种时床面宁干勿涝，播种要按厢定量，均匀落谷，播后轻轻踏谷，踏谷后在田面撒施一层稻草(壳)灰或牛粪粉等深色物质以便于土壤吸热增温，提高苗床温度。

5.水分管理

播后要排净走道沟积水。晴天，沟内保持有一定的水量，厢面不见水而湿润即可。二叶至三叶期，采取湿润与浅灌相结合。三叶期至可移栽期间，随着秧苗逐渐增大，叶面蒸腾增加，需水较多，保持浅水层，但不能淹没心叶。

6.秧田追肥

主要分两次施用，第一次是“断奶肥”，水稻三叶期是“断奶期”，水稻种子中的蛋白质氮在一叶一心期就已分解完毕，而且春季气温低、肥效发挥慢，所以提倡“断奶肥”在一叶一心期施用，用量一般为每亩 5~8 千克尿素。第二次是“送嫁肥”，在移栽前 1 周左右追施，一般用量为每亩尿素 3~5 千克。

二 塑料薄膜保温育秧技术

塑料薄膜保温育秧就是在湿润育秧的基础上，播种后于厢面加盖一层薄膜，多为低拱架覆盖。这种育秧方式有利于保温、保湿、增温，可适时早播，防止烂芽、烂秧，提高成秧率，对早春播种预防低温冷害来说十分必要。与湿润育秧不同的主要是薄膜覆盖和揭膜。其主要技术要点有：

1.从播种到一叶一心期薄膜管理

从播种到一叶一心期，要求薄膜严密封闭，创造高温高湿的环境，促进芽谷迅速扎根立苗。膜内温度要求最高不得超过 35 ℃。当超过 35 ℃时,要揭开薄膜两头通风降温,以免高温烧苗,温度下降到 30 ℃时,再密封保温。

2.从一叶一心至二叶一心期薄膜管理

从一叶一心至二叶一心期,要适温保苗,一般要求膜内温度为 25~30 ℃,此期可逐步增加通风时间,由“两头开门、前后开窗”到一边揭开和日揭夜盖,最后全揭开,既保证秧苗有较快的生长速度,又保证其稳健生长,并能逐步适应膜外环境。通风时要先灌水后揭膜,使厢面保持浅水,防止生理失水、青枯死苗。

3.从二叶一心至三叶期薄膜管理

从二叶一心至三叶期,秧苗经过 4~5 天炼苗后,苗高 10 厘米左右,气温已稳定通过 13 ℃以上时,便可灌水揭膜。揭膜后,就可以按湿润秧田进行管理。

三 旱育秧技术

旱育秧是整个育秧过程中,只保持土壤湿润,不保持水层的育秧方法。即将水稻种子播种在肥沃、松软、深厚、呈海绵状的旱地苗床上,不建立水层,采用适量浇水,培育水稻秧苗。水稻旱育秧依靠秸秆、厩肥等腐熟有机肥料,提高土壤肥力,苗期很少追施肥料,床面土壤上下通透性好,有利于培育根多、根毛多、白根多的壮秧,是提高秧苗质量的较好形式。旱育秧操作方便,省工省时,不浪费水。但过去没有保温、保湿覆盖物,常因水分短缺而出苗不齐,且易生立枯病和受鼠雀危害。近几十年各地采取增盖薄膜、药剂防治立枯病等措施,保温旱育秧方式已成为寒冷地区和双季早稻种植区培育壮秧、抗寒、抗旱、节水的重要育秧方法。

1.旱育秧苗床的选择

旱育秧床址选择必须慎重,一经选用,便要固定使用,逐步培肥,建立起永久性的育苗基地,选择苗床应坚持以下原则:

(1)应充分考虑到旱育秧控水旱育的特点,选择高亢爽水的地块,地下水位要求在 50 厘米以下,早春时节在 30 厘米以下。

(2)为了减轻培肥工作量,宜选用土壤肥沃疏松、熟化程度高、杂草少、地下害虫少、鼠雀危害轻、未被污染的菜园地或永久性旱地做苗床。盐碱地和地势低洼的田块不宜选作苗床。

(3)苗床尽可能靠近水源和大田,以便于管理和防止禽畜危害,不宜选择阳光不充足的林木树下和建筑物后的遮阳处。

有些地方把旱育秧苗床和油菜苗床或蔬菜大棚等结合起来,利用油菜苗床、棉花苗床或蔬菜大棚加以适当培肥,比较容易达到旱育秧苗床的要求,事半功倍。

2.旱育秧苗床质量要求

旱育秧苗床与普通秧田和场地旱育秧田相比,其质量要求更高,主要表现在肥沃、疏松、深厚等方面。

(1)肥沃

经培肥后的苗床,床土养分充足,营养成分齐全。因为在较干旱的土壤环境中,肥料的流动性小,根系吸肥速率减慢;同时,苗床干旱,床土氧气充足,呈氧化状态,土壤改变了向秧苗供氮形式,不是以铵态氮的形式直接供应,而是以硝态氮的形式供根系吸收。因此,苗床培肥时的用肥量往往是常规育秧的2倍以上,只有重视培肥,才能使床土有非常高的供肥强度,以供应旱秧生长所需的必要营养物质。

(2)疏松

是指苗床松软、富有弹性、呈海绵状,反映床土的物理性状优良,有机质含量高,团粒结构良好,保肥、蓄水、保墒能力强,土壤容重低,孔隙度大,毛细管丰富,微生物种类多、数量大、活力旺盛。因此,在苗床培肥时,要施入足够数量的粗纤维秸秆,充分腐烂,并均匀拌和在床土中。

(3)深厚

床土层深厚,有利于种子根的下扎、不定根和分枝根的扩伸和根毛的发展,与常规湿润育秧相比,旱育秧种子根长且扎得深。在根系分布上旱秧不定根的走向多为纵向直下,根群呈直立梭形;而常规湿润育秧不定根走向是先斜出,再向下,横向分布较宽,相对较浅,根系呈倒卵形。所以,旱育秧苗床土层深厚,才能适应根系生长特点,保证根系吸收到充分的养分和供应叶、蘖分化生长所需的最基本的生理水分。

3.苗床面积的确定

（1）苗床面积适宜的意义

充足的苗床面积是实行稀播、培育壮秧的基本条件。但苗床面积过大，既没有必要，又浪费耕地，更为重要的是增加苗床培肥工作量；而苗床面积过小，迫使苗床播种量和大田用种量增加，使旱育秧滞增叶龄变小，若培育中苗或大苗，则往往造成单株干重下降、叶片变黄发枯、茎变细、苗变高、分蘖停止甚至死亡，造成“独秆苗”或“假大苗”。

（2）苗床与秧龄的关系

苗床面积应根据移栽大田面积和苗床、大田比例而定，移栽大田面积越大，需要的苗床面积越大，而苗床、大田比例的确定则应充分考虑秧龄、品种特性和栽插基本苗。一般小苗栽插的苗床、大田比例为1:(40~50)，中苗 1:(30~40)，大苗 1:(20~30)，这是在完全能够控水旱育的情况下实现的，也是完全可以达到的。但绝大多数地区的旱育秧是在露天条件下培育的，尤其是育秧后期处于自然状态下，若遇雨水，壮秧生理优势提前在苗床上爆发，壮秧就难以实现。所以很多地方只好降低苗床、大田比例。在露天育秧、不能真正控水的情况下，培育中、小苗的苗床，大田比一般调为 1:(20~30)；中、大苗育秧的苗床，苗床、大田比甚至调整到 1:15。

4.旱育秧苗床培肥的技术要点

（1）旱育秧要求最适土壤环境应达到的标准

土壤 pH 为 4.5~5.5；有机质含量≥3%；速效氮、磷、钾分别为 150毫克/千克、20 毫克/千克、120 毫克/千克；床土厚 20 厘米；容重为 0.85~0.95 克/厘米^3；孔隙度 75%；松软似海绵，手捏成团，落地即散；富含微生物；等等。

旱育秧的床土指标要一步到位确实有较大难度，一些地方提出一些过渡性指标，但最终要向高标准看齐。采用“三期”培肥和建立永久性苗床基地是逐步达到高标准的有效途径。

（2）旱育秧苗床培肥和常规湿润育秧的秧田培肥的主要不同点

培肥时间早：旱育秧苗床的培肥必须在秋收后抓紧时间及时进行。

用肥量大：旱育秧苗床培肥的用肥量要数倍于常规秧田。

培肥作用不同：旱育秧苗床培肥不是越肥越好，关键是使苗床土层深厚、疏松、柔软有弹性，富含腐殖质，形成良好团粒结构，达到海绵状，所以要施用大量粗纤维有机质和家畜肥。

施肥方式不同：旱育秧苗床培肥以有机肥为主，通过有机物、无机物结合，采用干施全层施肥法，达到养分充足均衡。

（3）旱育秧苗床培肥

根据试验研究和生产实践，各地普遍采用三期（三段式）培肥法，即秋季培肥（或冬前培肥）、春季培肥和播前培肥，对床土理化性状的改善，尤其是对土壤物理性状的改善较为理想。

秋季培肥：以施用有机物为主，全层施肥，拌和均匀，同时配合施用速效氮素，另外加覆盖物，保温保湿，促使腐烂。在生产实践中，要推行干耕干整干施的全层施肥法，一般要求投肥量每平方米施用碎秸秆 2~3千克，另加适量的速效氮、磷、钾肥。有机肥料应分层施用，速效化肥提早施和分次施，耕作深度由深到浅。其作业流程是：分三次把碎秸秆和土杂肥等有机物翻耖入 0~20 厘米土壤中，浇足人畜粪尿，加盖稻草或覆盖地膜等，以加速腐烂。

春季培肥：必须施用腐熟的有机肥，要以播种前能充分腐烂为原则。在施用时，仍然是宜早不宜迟，越早越好，也要坚持薄片翻耖入土并与床土拌和均匀。在翻耖床土时，发现大团未腐熟的有机物时，要立即清除掉。

播前培肥：主要是施用速效氮、磷、钾，以迅速提高供肥强度。施用时必须注意三点：第一，培肥时间一定要把握在播种前 15 天以上，这是因为秧苗不同部位对不同形态氮素的吸收同化能力不一样。根系不能同化铵态氮，当根系吸收过多的铵态氮并在根系中积累之后，很容易形成氨中毒，导致肥害烧根死苗；因此，必须在播种前使铵态氮转化为硝态氮。苗床施入的尿素等铵态氮，必须在氧与硝化细菌的作用下，逐步转化为硝态氮，这种转化有一个过程，需要一定的时间。另外，市场上所售磷肥中往往含有一些对秧苗生长发育有害的杂质，所以磷、钾肥最好与氮肥一起提前施用。第二，适当增加磷、钾肥用量，可以促进根系生长，提高秧苗抗逆性，注意氮、磷、钾平衡施用。第三，播前培肥一般每平方米施用尿素30~50克、过磷酸钙100~150克、氯化钾40~50克,混合分三次撒施于床苗。每次撒施后,都必须充分耖耙,使肥料均匀拌和于0~10厘米土层中,最终使床土的速效氮、磷、钾含量分别达到150毫克/千克、20~30毫克/千克、120~150毫克/千克的肥力水平。目前,播种前培肥,很多地方选用专用壮秧营养剂,可省略许多操作环节,省工省力、安全可靠、效果好,值得大力推广应用。

5.旱育秧苗床床土调酸和消毒

(1)旱育秧苗床床土调酸的作用

水稻属于喜弱酸性作物,适宜的pH为6~7,根系正常生长的适宜pH为4.5~5.5。偏酸性的土壤环境有利于提高主要矿物营养元素的有效性,有利于氧化作用、硝化作用和有益微生物的活动,对秧苗生长有利。降低土壤pH的另一个重要作用是抑制有害病菌的活动与侵染,尤其是在育秧期温度较低的稻区,是防止旱育秧苗立枯病、青枯病的有效手段。所以对pH超过7的床土,一般都要进行调酸处理。

(2)旱育秧苗床床土调酸的方法

调酸的方法较多,常用的有:一是利用硫黄粉在土壤中分解后产生的酸类物质来降低土壤pH。二是肥料调酸,结合土壤培肥,施入足量的有机肥料和一定量的生理酸性肥料,可以降低土壤pH。

(3)旱育秧苗床床土调酸关键技术

施用时间:硫黄粉通过硫黄菌的作用而起到调酸作用,其作用效果可绘成缓冲曲线。正常情况下,施用硫黄粉5天后见效,15天后效果最佳,20天后效果大幅度减退。硫黄粉施用过早,变成"马前炮",效果很差;施用过晚,播种时,硫黄粉尚未被硫黄菌完全分解,影响出苗。所以从防病和安全角度出发,以播前20天左右施用较适宜。

施用数量:从施用硫黄粉的数量与pH变化的关系看,pH的降低效果虽然有随硫黄粉的用量增加而增强趋势,但变化不大。从降低生产成本的角度出发,pH为7左右时,每平方米施用硫黄粉100~150克;pH为6左右时,每平方米用50~100克,都可以达到较好的调酸效果。

施用要求:施用要均匀,要把硫黄粉捣碎,先与5千克熟床土均匀拌和后，再分次均匀拌和于0~10厘米床土层中。降雨较少、床土干燥时，必须浇水，维持土壤饱和含水15~20天，以增强土壤微生物特别是硫黄菌的活性。利用硫黄粉或废硫酸进行调酸，技术上有较严格的要求，调酸效果不稳定且随时间有较大变化。尽管总体上讲床土调酸有利于秧根生长，可提高秧苗素质，但其主要目的还是在于防止立枯病和青枯病的发生。立枯病是在弱苗、低温和病原菌三个条件同时存在时发生的，而土壤呈碱性、pH高的主要危害是：不利于秧苗根系生长和秧苗质量的提高，造成弱苗。

在播种前气温已经较高的长江中下游稻（麦）两熟的单季稻区和南方双季晚稻区，多数土壤偏酸性，一般不进行调酸。

（4）旱育秧苗床土壤消毒

床土消毒也能抑制土壤中的病菌生长，增强秧苗抗逆性。所以在调酸的同时进行床土消毒，一般每平方米用2~4克敌克松对水2千克喷施，就可以达到经济有效的消毒防病效果。

6.精细播种

（1）确定旱育秧的适宜播种量

合理的播种量是培育适龄壮秧的关键。限制秧苗分蘖发生和生长的因素有光、温、肥、水、气等。在适期播种和良好的肥水条件下，限制秧苗分蘖的主要因素是群体内的光照强度，它由秧苗群体叶面积所决定。关键是秧苗个体能否拥有足够的有效光合作用面积制造光合产物，从而满足根、茎、叶、蘖等器官分化的需要和维管束的正常增生。一般认为秧田分蘖缓慢即滞增的临界叶面积指数为4，此时的叶龄期为秧田茎蘖滞增叶龄期，也可作为培育壮秧的密度指标。因此，随播种量的增加，叶面积起点高，扩展迅速，茎蘖滞增叶龄期提早，移栽叶龄变小。播种量降低，茎蘖滞增叶龄期推迟，叶龄弹性变大，秧苗个体叶面积和营养面积增大，根、茎、叶、蘖生长容易协调，有利于培育壮秧。同叶龄旱育秧的适宜播种量可以比湿润育秧大，尤其是可以比同秧龄的更大些。

确定播种量的因素较多，包括品种特性、移栽叶龄、秧田与大田比、产量水平和生产条件等。以粳稻为例，一般3.5叶移栽的小苗，每平方米适宜播种量为芽谷 220 克左右，6 叶左右移栽的中苗为 150 克，8 叶左右大苗为 100 克。但实际生产中，由于受到多方面条件的限制，尤其是育苗期间降水无法有效控制，一般采取大幅度降低播种量和缩小秧田和大田的比例，多用苗床。除北方寒地旱育小苗和南方部分地区双季早稻旱育小苗每平方米播种芽谷量可以在 200 克以上外，其他地方和不同叶龄苗类播种量均有大幅度降低，小苗每平方米播芽谷一般在 160克，中苗则在 120克，大苗在 80 克。杂交籼稻适宜播种量为同叶龄移栽的粳稻播种量的 50%左右。

（2）旱育秧的播种技术要点

播种前，要求准备好盖种土，一般选用苗床培肥土或与床土同一土壤类型的肥沃疏松土，用直径 5 毫米的筛子过筛，每平方米准备 10~15千克，做播种后盖种用。有条件的可用麦糠代替过筛床土，因为麦糠既能保湿有利于出苗，还能隔热降温防止烧苗。播种的程序是：苗床洒水，播种，盖种，洒水，喷除草剂，盖覆膜和稻草。

苗床洒水：苗床先整好压平，再喷洒清水，使 0~5 厘米土层处于水分饱和状态。

播种：将芽谷均匀撒播在床面上，用木板轻压入土表。

盖种:把预先准备好的过筛床土或麦糠均匀撒盖在床面上，盖种厚度以不见谷为度，一般过筛土 0.5~1.0 厘米，麦糠 1.0~2.0 厘米。

盖种后洒水：盖种后用喷壶喷湿盖种土或麦糠。

盖土后喷除草剂：盖种洒水后，用 42%新野（丁草胺和噁草灵）乳油每亩 110 毫升，即每平方米苗床喷施 12%丁草胺和 10%噁草灵混配的丁噁合剂 0.2 毫升，对水均匀喷雾。

覆膜盖草：化学除草后，及时在苗床上直接盖薄膜或起拱覆膜促齐苗。稻麦两熟制地区采用苗床直接覆盖薄膜保湿出齐苗，盖膜前可在苗床上撒适量粗秸秆做隔热层，防止高温时薄膜烫伤秧苗，遇日平均气温大于 20 ℃时，应在膜上加铺清洁秸草、草帘或用其他方法遮阳降温。长江中下游稻区育秧时气温偏高，也可不覆盖地膜而直接铺盖麦草或其他秸秆（最好不用稻草），有条件的可搭遮阳棚，但要注意保湿和防止鼠雀危害；山区等寒冷地带，或早播育秧，播后要注意保温保湿，可采用双膜，即在苗床上平铺地膜后，再起拱覆膜。拱架覆盖薄膜要特别注意拱架与床面的距离最少在45厘米，防止育秧期间高温伤苗。目前，北方一些地区示范应用无纺布替代拱膜，能降低拱棚内外温度差等，可简化育秧工序，便于操作。

7.旱育秧苗床管理

（1）旱育秧出苗前后田间管理

注意苗床内温度。寒冷地区或南方早春播种，为了保证出全苗、出齐苗，出苗前要做好苗床保温工作。主要是增加薄膜的透光性和防止因作业或大风等造成的破损，及时清除薄膜上的杂物，及时修补破损处。有寒流时，夜间要在薄膜上加盖草帘，但要防止压垮塑料棚。注意高温伤苗、烧苗，在一叶一心以后要坚持通风炼苗。如在秧床上加盖地膜的，在秧苗发青时，应及时揭除铺在床面上的地膜，防止高温烧苗。揭除地膜的同时，要浇一次水，这是非常重要的。

发现表土干燥发白时要及时补水。播种前只要浇透底水，出苗前不必补水。如果床土过湿，应揭膜晾床，降低床面湿度，防止坏种烂芽。幼苗顶土出苗时，千万不可揭膜。如果发现表土干燥发白，应及时补水。

注意防治鼠害和蝼蛄。防治鼠害用磷化锌等鼠药与玉米、谷粒等混合后作为毒饵，撒在苗田周围或苗床上。防治蝼蛄可用敌百虫毒饵撒在苗床上或在苗床上喷施0.1%的敌杀死，喷药后高温闷床，可有效杀死蝼蛄。

（2）旱育秧苗期水分管理

水分控制是旱育秧壮秧的中心环节和成败关键。旱育秧在秧苗不同叶龄期对水分的反应和需求不同，水分管理要针对不同叶龄期分阶段采取措施。

播种出苗至齐苗期：种子出苗和出苗率的影响因素主要是土壤温湿度和病虫害等。旱育秧出苗不齐和出苗率不高的主要原因是水分控制不当。土壤水分对出苗率和出苗速度影响极大。芽谷播种后，土壤含水量必须达到一定水平才能出苗，超过该水平，随着土壤含水量的增加，出苗率和出苗速度迅速增加。当土壤含水量增至某一限度后，出苗率趋于平稳。

齐苗前一定要保持床土相对含水量在70%~80%，但不同品种出苗对土壤水分的要求有明显差别。

及时揭膜，及时补水：播种后，一般5~7天便可齐苗，要适时揭去苗床上的覆盖物。揭膜时间不当，往往因秧苗周围空气湿度急剧下降，叶面蒸腾大，而根部吸水供应不上，导致生理期枯死苗。因此，应看天气揭膜，要求晴天傍晚揭、阴天上午揭、雨天雨前揭，边揭膜边喷一次透水，以弥补土壤水分的不足。如遇高温天气，则可在苗床上撒铺一层薄薄的秸秆遮阳，以减少水分蒸发和烈日灼晒。

齐苗至移栽前：以控水控苗为主。旱育秧和其他育秧方式的重大差别就在于此期的控水。秧苗幼苗期不同阶段对水分胁迫的忍耐力差异很大。一、二叶期秧苗营养仍由胚乳供给，对外界环境反应不敏感，对水分胁迫有较大的忍耐性，表现在出现卷叶现象的土壤含水量最低，卷叶至死亡延续时间长。二、三叶期的幼小苗，处于“糖断奶”期，秧苗必须完成从自养到异养的转变，此时水分亏缺，秧苗忍耐力最差，从卷叶到死亡的时间也最短，是旱育秧对水分亏缺最敏感的时期，也是防止死苗、提高成苗率的关键时期，要注意及时补水。四叶期以后的小、中、大苗，出现卷叶的时间早，但卷叶到死亡的时间也最长。所以四叶期以后是控水旱育培育壮秧的关键，即使中午叶片出现萎蔫也无须补水，但发现叶片有“卷筒”现象时，要在傍晚喷些水，一次补水量不宜大，喷水次数不能多。移栽前3~5天施“送嫁肥”，移栽前1天傍晚浇一次透水。

(3)旱育秧秧苗追肥技术

旱育秧的苗床是经过严格培肥的，其供肥总量充足，养分全面，速效肥料含量高，所以在秧苗生长前期一般不会缺肥。但由于苗床处于相对干旱半干旱状态和秧苗前期蒸腾量小，养分在苗床上的移动性差和肥料营养元素在秧苗体内运输不畅，均易造成变相缺肥。随着叶龄的增加，地上茎、叶、蘖的生长量不断增加，所需营养元素也不断增加，在培育中苗或大苗时，后期往往出现旱育秧落黄脱力的症状，这时必须适时适量追肥。

旱育秧在追肥时应注意以下四点：一是旱育秧的叶色一般是深绿，

缺肥初期不易察觉，当叶片出现落黄时，表面缺肥程度比同叶色的湿润秧苗重。二是旱育秧施用肥料种类应考虑到苗床干燥的特点，以选用优质尿素最佳，不能施用易挥发的其他肥料。不能直接撒施，防止局部肥料浓度过高，灼伤叶片或烧苗，应采用肥水喷浇的方式。若化肥直接撒施，必须于撒施后立即喷水淋洗。三是旱育秧缺肥是由缺水引起的，所以在追肥时，一次用肥不宜过多，每平方米用尿素 5~10 克，对成1%的尿素液喷浇，可避免烧苗，以水带肥入土，提高肥效。四是浇肥液和浇水一样，要在傍晚追肥，最好与补水同时进行，追肥的次数、用肥量和用水量要严格控制，以防削弱旱育秧的生理优势。

8.旱育秧烂秧、死苗的主要原因

旱育秧出现烂秧、烂芽和死苗的原因是多种多样的，归纳起来主要有以下几个方面：

（1）苗床地选择不合理或土壤板结，土质过黏，通透性差；或土壤阴湿，肥力低下；或 pH 过高又未能进行有效调节，特别是一些石灰性土壤。

（2）做床质量差，苗床高低不平，土块过大，土壤悬空度大，土体水分运作不良。

（3）春季气温低且寒潮频繁，播种过早或播后管理不善，从而造成低温冷害等。

（4）肥料种类搭配不合理或施肥过量，化学肥料施用后未同土壤充分混匀而招致局部肥害，以及有机肥料未充分腐熟，施入土壤后分解发酵产生有毒物质毒害秧苗，苗床前作蔬菜等残茬未清除干净也会产生毒害。

（5）高温烧苗，特别是暴冷暴热后极易出现烂秧、死苗。

（6）立枯病、青枯病及地下虫害、鼠害等。

9.旱育秧烂秧、死苗的预防

旱育秧烂秧、死苗的预防，必须从严格掌握其技术规程和要求入手，主要应抓住以下几个方面：

（1）苗床的选择与培肥

一是选择地势平坦、背风向阳、通透性好、保水保肥能力强、地下水位低、土质偏砂、土壤偏酸性(pH 6.5以下)等符合要求的旱田,最理想的是菜园地。二是需要人工培肥,增加土壤中的有机质含量,改善土壤理化特性,抑制有害微生物的活性。三是精细作床,防止粗制滥造,真正做到土细、床平。

(2)适期播种,防止低温死苗

尽管旱育秧耐寒,但气温必须稳定在8 ℃以上才能播种,不能过分提早。如播期适当,加上旱育苗床的增温效应,一般就不会发生低温死苗现象。

(3)科学施肥

培肥用的农家肥必须充分腐熟,最好于上年秋季将农作物秸秆、粪水与床土混合,使之在秋季腐熟,禁止在播种前后施用未腐熟的有机肥。化肥,特别是过磷酸钙必须粉碎过筛,且应提前抢晴施用,避免下雨天施肥,施用后应多次反复翻土,使之混匀。床土应施用酸性肥料,切忌加入碳酸氢铵、草木灰等碱性肥料。追肥用量不能过大,且必须均匀施用,施用后浇水洗苗,以免烧苗或发生其他肥害。

(4)高度重视立枯病、青枯病以及虫害、鼠害

及时揭膜炼苗,防止高温烧苗。有效防治立枯病、青枯病害的技术主要有4个方面:一是搞好床土的选择和培肥。二是调酸。三是喷施敌克松消毒。四是在立枯病、青枯病的发病期(1.5~2.5叶)严格控水。同时,一经发现病害现象,必须立即喷施500倍的敌克松进行防治。在播前3~5天投入毒饵灭鼠,在苗床上喷药杀灭蝼蛄、蛴螬等地下害虫。

10.旱育秧苗床的杂草防除

杂草是水稻旱育秧大面积推广的一大障碍。特别是在旱育中苗、大苗、长秧龄大苗的苗床上,由于播种量少,落粒密度低,加之旱地土壤和有机肥中往往草籽量大,杂草极易生长和蔓延。杂草与秧苗争肥、争水、争光、争空间,严重影响秧苗的生长和综合品质。

为了提高除草效果和节省劳动力,旱育秧一般以化学除草为好。化学除草剂的种类很多,但大多数针对水田杂草且用药后要保持水层3~5天,所以不能在旱育秧苗床上施用。目前应用效果较好的旱育秧除草剂有旱秧净等。该除草剂与其他物质不存在拮抗作用,对水田和旱地一年生杂草

有极强的杀灭作用,用药安全方便,药效持续时间长,防除效果好。

旱秧净乳油为10毫升包装,每袋对水5千克喷施0.1亩。在播种盖土后均匀喷雾,然后盖膜即可。旱秧净乳油使用技术如下:

(1)盖种

施用前要精细盖种,不露籽,避免种子和药剂直接接触,但盖土不宜太厚,厚度以0.5~1厘米为宜。

(2)用量和浓度

严格按要求掌握用量和浓度,在土壤偏沙性、气温偏高时用药量要适当降低,以免造成药害。

(3)喷雾

喷雾要均匀,切忌重喷。

(4)盖膜

施药后起拱盖膜,拱高25~35厘米,同一秧床的长度不要超过10米,出苗后要及时炼苗。温度较高的晴天,揭开两头以通风降温,以免高温烧苗和造成药害。

在实际生产中,如果因为操作不当、用量未把握好、管理不善或天气等因素造成药害,一般表现为出苗缓慢,出苗不整齐,苗体矮小,严重的出现畸形甚至不出苗或死苗等症状,应及时采取措施,大量泼洒清水,有条件的地方可淹透水,以降低药液浓度,减轻药害。

11.培育旱育壮秧

(1)应用多效唑培育旱育壮秧

多效唑具有抑制秧苗伸长、促进分蘖的作用,并能提高秧苗体内叶绿素含量和细胞内容物浓度,增强酶活性,有利于代谢,可以调节秧苗株型,增强抗旱等抗逆能力,获得叶蘖同伸矮壮多蘖秧,并且由于控制了单株叶面积,所以可增加苗床单位面积的播种量。

旱育秧用药量和时间主要根据叶龄长短确定,50天秧龄、10叶期前后移栽的秧苗,生产上一般应在一叶一心期用药,每平方米用15%的多效唑可湿性粉剂0.2~0.3克,稀释浓度以300毫克/千克为宜。育秧期多雨水的地区,用药要多些,取上限;连年使用多效唑的老苗床用量可取下限,秧龄小的用量也可小些。

施用多效唑应注意：药量要准，施药均匀，尽量使药液落在秧床上。选择晴好天气用药，喷施时，苗床上不宜盖厚的覆盖物。用药后秧苗叶色变深，仍然按照秧苗需肥规律正常施肥管理。

（2）应用水稻壮秧剂培育壮秧

水稻壮秧剂的全称为水稻壮秧营养剂，是具有多功能的一种固体粉状酸性复合肥料。它除含有硫酸、腐殖酸和全价肥料之外，还含有杀菌剂、矮壮素、生根剂。一次施用即可达到调酸、消毒、营养、化控一体化，简化管理，节约劳力和成本。其成品包装多为每袋 2.5 千克，每袋可供 18 米^{2}苗床使用。

四 塑料软盘育秧技术

塑料软盘育秧是在旱育秧床或水田秧床（旱育秧床操作、管理更方便）基础上，利用塑料软盘，通过人工分穴点播、种土混播或播种器播种进行育秧的方式。这种育秧方式能提高秧本田比例、降低育秧成本，管理方便，秧苗素质好，苗期不易发病。育出的秧苗可以手工栽插，更利于抛栽。

1.育秧盘的准备

双季早稻和高寒山区一季稻田，培育中、小苗（3.5~4.5 叶龄）用于抛栽的，宜选用每盘 561 孔的育秧盘；一季稻及双晚稻田，培育中、大苗（5~6.5 叶龄）用于抛栽的，宜选用每盘 434 孔的育秧盘。每亩大田所需育秧盘的数量由抛栽的密度和育秧盘孔数决定，可按下列公式计算：

每亩大田用育秧盘数=每亩抛栽穴数×（1+空穴率）÷每盘孔数

目前生产上空穴率为 10%左右。例如早稻每亩要抛栽 2.8 万穴，选用 561 孔育秧盘，则每亩大田用育秧盘数为：28 000×（1+10%）÷561=55，即每亩大田需要 561 孔育秧盘 55 只。一季稻及双晚中、大苗抛栽的，每亩需 434 孔育秧盘 40~60 只。

2.播种期和播种量的确定

确定适宜的播种期，是抛秧栽培的重要环节，播种期应根据品种特性、茬口、适宜秧龄等因素确定。播种过早，早稻前期温度低，抛栽后扎根立苗慢，遇寒流侵袭有死苗的危险；播种过迟，特别是双晚，往往生育期延后，不能保证安全齐穗，会造成严重减产甚至绝收。一般长江中下游地区早稻及其高寒山区的一季稻采用薄膜保温育秧。在3月下旬至4月初播种，叶龄4.0叶左右，秧龄25天左右；中、单晚稻看前茬让茬时间确定，以秧龄25~30天、叶龄5~6叶抛栽为宜；双晚以秧龄30天左右、5.5~6.0叶时抛栽为宜。秧苗高度应控制在13厘米（早稻）和18厘米（双晚）以内为佳。

每盘播种量可按下面公式计算确定：

每盘播种量（克）=（每盘孔数×每孔播种粒数×千粒重）÷（出苗率×1 000）

例如，早稻选用561孔育秧盘，每孔播3粒种子，千粒重按25克计，出苗率按90%计算，那么，每盘播种量=（561×3×25）÷（90%×1 000）=46.75（克）。即每只育秧盘播种干种子46.75克，催芽含水量以30%计算，每只育秧盘需播芽谷重61克。中、单（双）晚稻选用434孔育秧盘，通常杂交稻每孔播1~2粒种子，需播芽谷25~30克，常规稻播种30~40克；双晚稻每孔播2~3粒种子，每盘播芽谷40~50克。

3.苗床的选择

塑盘抛秧有两种育秧方式，一种是湿润培育，另一种是旱床培育。湿润培育是选择排灌方便的田块作为秧田，以利湿润培育。秧田整做同湿润培育一样，要求秧板平整，然后摆上育秧盘，装上营养土及播种等。

旱育抛秧苗床应选择背风向阳、地势平坦、土壤肥沃、靠近水源的旱地或菜园地。要严格按旱育秧技术施肥、精细整地，做好苗床。苗床宽以横放2只或竖放4只育秧盘为宜，一般宽1.3米左右，床间走道宽40厘米；苗床长度根据育秧盘多少确定，一般12米左右，不宜超过15米。床面整细整平，无杂草及暗藏石子，使育秧盘与床面密切接触。

4.营养土的配制

用塑盘育秧需要配制专门的营养土，其配制方法是：用较疏松的旱地土壤或菜园地土壤，经破碎过筛，每100千克土加充分腐熟的过筛优质有机肥20千克，加硫酸铵300克，碾碎的过磷酸钙300克，硫酸钾

200克，充分混拌均匀。如果土壤较干，在混拌时喷洒适量的清水，使营养土含水量达到“手攥成团，落地散开”的程度。对营养土必须经过消毒，消毒方法是，每 100 千克营养土，用 10 克敌克松对 8 千克水，均匀喷洒。营养土要趁晴天配制好，堆闷 2 天后即可使用。

5.播种

(1)普通播种法

浇足苗床水：摆育秧盘前要给苗床浇足水，使土壤表层水分呈饱和状态，直到有水溢出，确保播种后、出苗前不浇或少浇水。

装土摆盘：将育秧盘孔穴内装 2/3 左右营养土，摆到苗床上，盘与盘紧密相连，不留空隙，并用木板将育秧盘压入床面泥中 0.5~1 厘米。千万注意不能让育秧盘悬空，以免影响根系生长发育。育秧盘摆好后四周用土封严。

浇水：在育秧盘上喷水浇透营养土。如果营养土未消毒，每盘用 0.3克70%敌克松配成 1 000 倍药液喷洒盘土进行消毒，随后喷清水浇透。

撒种覆土：按每块秧床摆放育秧盘的数目计算每床播种量，然后分几次将种子撒入盘孔内，落在盘面上的种子，用扫帚扫入孔穴。撒种后喷少量清水使种子与营养土结合，或者在秧床上放一空盘压种，然后覆盖营养土，使土与盘面相平，盖土后一定要清除盘面泥土和种子，否则会引起秧苗盘根(或称串根，就是根系在盘面上相互缠结)，不利于分秧，影响抛栽的速度和质量。

化学除草和插架盖膜：覆土后施用除草剂，再插架盖膜，方法与薄膜旱育秧相同。

这种播种方法的优点是速度快。缺点是每孔落种数目不容易均匀，甚至出现无种空穴现象。

(2)混土播种法

将若干盘分为一批，分批进行播种。称出每批所需的种子和营养土，先将 1/3 的营养土均匀地装入各孔穴内，再将另外的 2/3 营养土和种子混拌均匀后，撒入育秧盘孔穴，用刮板刮平，每 10~15 个盘摞到一起压实，运到秧床处，摆盘、压盘、消毒浇水、化学除草、插架盖膜等作业与普通播种法相同。

这种播种方法应用较普遍。优点是简便、省工、效率高，缺点是因播种深度不一致，出苗不整齐，所以需适当增加一些播种量，弥补不足。

（3）先摆盘后播种法

这种播种方法是在苗床上先把育秧盘摆放好，盘与盘之间不留空隙，压盘入泥后，采取以上两种方法中的一种进行播种，作业程序与上述相应的方法相同。

这种方法省工、简便，但盘土不易装实，所以播种后要用空盘摞在上面进行压实。

（4）播种器播种法

抽屉式播种器播种法：这种播种器与育秧盘规格相配套。播种时先根据育秧盘孔数和每孔播种量选用相应的播种器。先在育秧盘孔穴内装2/3 的营养土，然后将播种器底板孔对准秧盘孔，移动上板将下板孔盖住，向播种器内放入催芽至破胸的种子，将上板孔眼间多余的种子刮去，移动上板使上下板孔眼对齐，种子落入盘孔中。每 10~15 个盘摞在一起，用育秧盘托板运到苗床上摆盘。压盘、覆土、浇水、化学除草、插架盖膜等作业与普通播种法相同。

槽式播种器播种方法：揭开橡皮板，使槽口向上，往槽口内倒入营养土，多余的刮掉，转动槽轨，使土落入育秧盘孔穴内。放好橡皮板，播种，刮掉多余的种子，再转动槽轨，使种子落入育秧盘孔内；摞盘、运盘、摆盘、压盘、覆土等作业与普通播种法相同。

6.秧田管理

（1）温度

采用覆盖薄膜育秧的，播种后至出苗前，膜内温度应控制在 35 ℃以内，早稻及高寒山区的一季稻，盖膜以提高膜内温度和保湿出苗，可考虑采用双膜覆盖，即地膜平铺一层，再搭架覆盖一层薄膜。一叶期控制温度在 25 ℃以下；二叶期开始，看天气情况进行通风炼苗，将膜内温度控制在 20 ℃左右，以后逐渐降到自然气温状态。对迟中稻、单晚稻和双晚稻，在高温条件下育秧，播种后也要搭架，盖有孔薄膜，为的是保湿出苗。为了防止膜内温度过高，可在薄膜上架盖草帘、麦秸等覆盖物，同时也能防鸟雀啄食以及雨水冲淋。立针后要及时揭去覆盖物及薄膜，防止高温烧苗或秧苗徒长；同时将薄膜、拱架保留在苗床上，以备降雨时及时盖膜挡水；也可将薄膜四周打开，在离苗床高20厘米处固定在弓架上，既能通风降温，又能防雨水冲淋。

（2）水分管理

出苗前以保持盘土湿润为宜，一般覆盖薄膜的，出苗前不浇水、不揭膜，只有当水分不足影响出苗时(这种情况较少见)，才揭膜补浇水。以后看土壤墒情而定，不干旱的就不浇水。缺水时宜在傍晚浇水，高温期间宜在早晨浇水，这样可调节育苗时的气温，使之适宜秧苗生长。浇水水流要细。中、晚稻在高温条件下，水分消耗大，为了减少浇水工作量，需水时可采取沟灌，让水慢慢地渗透育秧盘，灌后及时排干沟水。秧苗缺水与否可看早晨秧苗叶尖是否挂有水珠，床土是否发白，中午是否出现卷叶。如果早晨看叶尖不挂水珠、床土发白或中午卷叶，说明缺水，当天就要浇水。未出现上述现象，就无须浇水。抛秧前2~3天浇一次水，切忌临抛前浇水。

（3）施肥

采用营养土育苗的，一般不需要施肥；后期如有脱肥现象，要及时追肥，每盘用4克尿素对500克水喷施，喷肥后应随即喷清水冲洗。对秧龄长的应在抛秧前2~3天施“送嫁肥”，每盘用5克尿素对500克水喷施，施肥后也要喷清水冲洗。

（4）防治病虫害

常见的病虫害有立枯病、恶苗病、稻瘟病、稻蓟马等，要及时防治。二叶一心期，注意防立枯病，每平方米用2~3克敌克松，对600倍水喷雾。

（5）化学控制

为控制秧苗徒长，可采用烯效唑浸种，每千克水加2~3克5%烯效唑可湿性粉剂。或在秧苗一叶一心期，每平方米用0.2~0.3克15%多效唑可湿性粉剂对水150克喷施。雨水多、秧龄长的，可在三叶一心期再喷一次多效唑，起到降低苗高、促进根系发育和增加分蘖的矮壮秧苗作用。

五 工厂化育秧技术

1.工厂化育秧的优势

(1)受环境影响小

水稻工厂化育秧技术,从浸种到出秧前,都能够使水稻秧苗在较佳的生长条件下生长,由于秧苗受自然界不利因素的影响较小,所以成秧率高,能够按照让茬要求供秧,有利于培育适龄壮秧,培育出的秧苗抗寒力强,栽插后返青快,低位分蘖多,分蘖成穗率高,易获高产。

(2)提前播种和插秧

工厂化育秧能提前插秧。由于工厂化育秧的秧苗前期可以在育秧大棚里生长,比常规育秧的插秧时间可提前一个节气,可避免苗前期受低温影响造成烂秧。特别在早稻育秧和再生稻育秧上应用效果更好,可以避免早春播种期间受倒春寒的影响而造成出苗率低和烂秧。

(3)促进水稻全程机械化生产

目前我国在水稻生产上从水稻田耕整到收获基本上实现了机械化。实行工厂化育秧能够促进机械化插秧,实现耕种收全程机械化,有利于解决农村劳动力不足问题和减轻劳动强度,从而降低生产成本,提高种植效益。

(4)有利于推进农业社会化服务

工厂化育秧可流水线作业,规模化生产,市场化经营,有利于开展社会化服务。

2.工厂化育秧技术要点

(1)浸种

在播种前晒种 1~2 天,每天晒种 4~6 个小时。种子经去杂后,用咪鲜胺等药剂浸泡 36~48 小时。浸种的时间应根据不同水稻品种吸水至饱和状态所需要的时间来定。

(2)破胸

漂洗种子后,按 25~50 千克一份装入麻袋或箩筐内,用 40 ℃的温度加温约 4 小时后,将温度降至 38 ℃,经过约 4 小时后种子开始萌动,再将温度降至 36 ℃,经过约 12 小时后停止加温,此时谷芽微露,即可上机播种。

(3)播种

采用机械化流水线播种,每盘用营养土 2.5 千克,每盘播种量 85克芽谷(塑盘规格 30 厘米×60 厘米),每亩用种量:杂交稻 1.5~2 千克,常规稻 2~4 千克。调整播种机的覆土量,底土以铺到育秧盘深一半为宜,洒水以浸湿底土为宜,覆土以盖过种子为宜,一次性完成铺土、洒水、播种、盖土四道工序。

(4)暗化催芽

播种后,将装好的育秧盘移入暗室,垂直叠放整齐,叠放高度以 8~12 层为宜,然后覆盖帆布遮光,待芽针长 1 厘米左右,立即将育秧盘搬入绿化温室(育秧大棚)。催芽时间不宜太长,避免秧根穿过育秧盘底部的透气孔。

(5)绿化

育秧盘在育秧大棚绿化,应密切关注大棚内的光照、温度、湿度,做好温度和水分的控制, 要根据秧苗不同的生长阶段对温度的要求做好增温、保温工作;使育秧盘采光、积温均匀,秧苗生长整齐;在温控上采用昼高夜低、前高后低、逐步接近室外气温的调温方式,午间棚内温度超过30 ℃时要打开棚门通风换气,秧苗一叶一心至二叶一心期室外气温稳定在 20 ℃以上时白天通风,夜间闭棚。二叶一心期后全天通风不闭棚,秧苗长至 2.5~2.8 叶时,降温炼苗。视盘土水分情况决定是否喷水保湿。如苗弱叶黄要喷施叶面肥,促使其生长健壮。秧苗长至 2.5~3 叶、12 厘米以上高时即可进行大田机械插植。

第四章 水稻高产优质栽培技术

第一节 一季稻高产优质栽培技术

我国种植面积最大、分布范围最广的稻作，呈现南籼北粳的势态，种植的品种主要是杂交稻和常规粳稻。杂交稻具有根系发达、分蘖力强、茎秆粗壮、穗大粒多、增产显著等优势，在水稻生产中发挥着重要作用。然而，目前的一季稻生产仍存在某些不足，如产量高而不稳，穗粒结构不太合理，调控措施不当，抗灾避灾能力不强，病虫害防治不力等，严重阻碍产量水平的进一步提高。一季稻的生产必须和栽培技术很好地配套运用，才能发挥更大的增产潜力，得到增产增收的实效。

一 因地制宜选择合适的高产优质品种

1.根据当地光温条件选择生育期适宜的品种

在光温条件较好的地区，宜选生育期较长的品种，反之则选用生育期较短的品种。总之，选用的品种、组合生育期应尽量与当地光温条件相当，既能保证水稻正常生长成熟，又不至于浪费较多的光热资源。如沿淮及山区宜选择全生育期 130 多天的品种组合，江淮地区可选用全生育期 135~145 天的品种组合，长江以南地区可选用全生育期 140~150天的品种组合。

2.根据品种的特点选择适宜的品种

在生育期允许范围内尽量选用增产潜力大，穗大粒多，千粒重较高，耐肥抗倒，抗病、抗虫能力强，抗旱耐涝耐高温的优质品种，以便更好地发挥品种的增产优势。

二 制定合理的产量目标和产量结构

根据品种、组合的穗粒结构特点，结合当地的生产条件，制定合理的产量目标及产量结构。产量目标是由单位面积穗数、每穗粒数、结实率和千粒重四因素构成的，它们的乘积构成理论产量，四个因素都合适，产量才能最高。一般情况下，单位面积穗数是产量的决定因素，在一定穗数情况下，争取更大的稻穗，提高结实率和千粒重，就能进一步提高产量。单位面积穗数是在移栽后 20 天左右决定的，穗的大小是在拔节孕穗期决定的，结实率是在孕穗中期至抽穗灌浆前期决定的，千粒重主要是抽穗灌浆期确定的。明确了产量各因素形成时期，采取分步实现措施，最终就有可能达到预期目标。

1.多穗型品种

中稻亩产 650 千克以上的产量目标，多穗型品种产量性状构成为：每亩有效穗 18 万~20 万，每穗 150 粒左右，结实率 85%以上，千粒重 28克左右。

2.大穗型品种

中稻亩产 650 千克以上的产量目标，大穗型品种产量性状构成为：每亩有效穗 15 万~16 万，每穗 200 粒以上，结实率 80%以上，千粒重 28~30克。

三 确定最佳播种期

最佳播种期的确定是为了趋利避害，使水稻各个生育阶段都能处于一个相对适宜的环境，尽量避开高温、冷害等不利因素的危害。安排播种期主要考虑抽穗期间的气象因素的影响。首先，要保证安全齐穗，要在秋季温度降到 23 ℃（粳稻 21 ℃）以前抽穗，山区更要重视避免"清疯"危害。其次，在孕穗至开花灌浆期要有一段晴好天气（30~40 天）。水稻在抽穗开花期对环境敏感，在灌浆期要有较多的光合产物，因此要把抽穗扬花期尽可能安排在日均温 25~28 ℃，雨量相对较少的季节。我国大部分地区8月中下旬光温条件较好，是安排抽穗期的最佳时期。不可将抽穗期安排在 7 月底 8 月初，此时抽穗会碰到 35 ℃以上持续高温危害，结实率会严重下降而致减产。但抽穗期也不宜推迟到9月上旬以后,因为现在推广应用的高产品种,由于穗大粒多,灌浆时间较长,有的超过40天,到9月份气温下降很快,低温会使灌浆速度变慢,成熟期推迟,甚至结实不充实而降低产量和品质。最佳抽穗期确定后,根据选用品种在当地的播始历期(即播种到始穗的天数)向前推算出播种期。生产上应用的一季稻品种,其播始历期多在100天左右(95~105天),以8月10日抽穗向前推算,播种期应在5月2日前后。此时播种育秧,气温较稳定,一般不会出现烂芽、烂秧等现象。山区和北方地区可采取盖膜旱育秧,提前到4月中下旬播种。

四 培育多蘖壮秧

1.培育多蘖壮秧的作用与标准

多蘖壮秧有多方面的优势,如栽后秧苗生根快,返青快,分蘖早,有利于高产群体的建立和大穗的形成;抽穗整齐,成熟一致,有利于抗灾避灾夺高产;干物质积累快,后期干物质向穗部运转效率高;壮秧带蘖多,以蘖带苗,可节省种子,降低成本。

壮秧的标准是:30~40天秧龄,6~7叶龄,单株平均带蘖2~3个;45~55天秧龄,8~10叶龄,单株平均带蘖3~4个。根系发达,根量大,白根多,茎基部宽扁,绿叶数多。

2.浸种催芽

杂交中稻易发恶苗病等苗期病害,种子颖壳闭合不严及不闭颖现象较多,引起吸水不均,因此,要做好种子消毒及控制好浸种时间。用100毫克/千克烯效唑溶液浸种,可有效预防恶苗病等苗期病害;同时有降低苗高并促进分蘖的作用,对培育多蘖壮秧很有好处;而且比使用强氯精安全,农户容易掌握。具体方法是:用10千克烯效唑药液浸7千克左右的种子,浸6~8小时,捞起沥水4~6小时,反复多次,2天后取出用清水冲洗后催芽。由于5月初气温较高,也可反复多次至种子破胸露白后,用清水冲洗晾干播种。常规稻可连续浸种36~48小时再催芽,也可日浸夜露,反复至破胸露白后备播。

3.稀播和化控

大幅度降低播种量，使秧苗生长有较大的发展空间和营养面积，是培育多蘖壮秧的基本条件。一般播种量和秧龄与育秧方式有关：秧龄短，播种量可大些，反之播种量应小些；旱育秧苗体小，播种量可大些，湿润育秧则应小些。根据试验和多年生产实践，总结出的播种量为：30天秧龄，旱育秧每平方米苗床播种75~100克，湿润育秧每亩播种12.5千克；40~50天秧龄，旱育秧每平方米苗床播种40~50克，湿润育秧每亩播种8~10千克。在栽秧时常出现干旱缺水的地区，只好延迟栽插期，或来水时灌深水栽秧，宜采用稀播、长秧龄培育壮秧措施，以防干旱造成秧龄超龄而带来的早穗减产，或深水栽秧而引起小分蘖闷死的损失。

播种的关键是要播稀播匀，做到定畦定量播种，先播80%的种子，用剩下20%的种子补缺补稀。稀播后轻踏谷，上盖草木灰或油菜壳、麦壳（旱育秧盖盖种土），有防晒、防雀害及促进扎根等作用。

未用烯效唑浸种，可在秧苗一叶一心期喷多效唑控高促蘖，每亩用15%多效唑粉剂200克对水100千克均匀喷雾，喷前排干田水，喷后1~2天可上水。对秧龄长50天左右的，可考虑二次化控，即于四叶期每亩用150克多效唑再喷一次。

4.肥料管理

（1）湿润育秧

结合整地每亩施腐熟有机肥1 000~2 000千克，8千克尿素，30千克过磷酸钙。做畦面时面施尿素和氯化钾各3 000~5 000克。追肥：一叶一心期每亩追3 000克左右尿素，3~4叶龄期每亩追5 000克尿素，移栽前3~5天每亩追5 000克尿素做送嫁肥，送嫁肥要视栽插进度分次施用。如果秧龄在40天以上，播种后20~23天每亩再追5 000克尿素。

（2）旱育秧

旱育秧基肥于播种前10~15天每亩施尿素35千克，过磷酸钙100千克，氯化钾20千克，与0~10厘米土层充分混合均匀。追肥：一叶一心期和二叶一心期，结合浇水，每平方米苗床分别追尿素15克，移栽前3~5天追一次送嫁肥，每平方米用15克尿素对100倍水喷施，喷后用清水冲洗一遍以防烧苗。

5.水分管理

(1)湿润育秧

三叶期前保持湿润,畦面不上水;三叶期后畦面保持浅水不断,以防拔秧困难。山区丘陵在干旱年份,根据情况在适当时期断水让其干旱,等有水栽秧时再上水拔秧,这样以干旱抑制秧苗生长,防止秧苗超龄减产。

(2)旱育秧管水原则

如果秧苗早晨叶尖挂露水,中午叶片不卷叶,就不用浇水,否则应立即浇水,并要一次性浇足浇透。下雨时要及时盖膜防雨淋,以防失去旱秧的优势。因为旱秧细胞浓缩在一起,细胞的数量并不减少,一旦水分充足,细胞迅速吸水,体积很快膨大,就形成大苗秧,失去栽后的暴发优势。移栽前一天晚上浇透水,以利起秧栽插。

6.病虫害防治

一季稻秧田期的病虫害主要有恶苗病、稻瘟病、稻蓟马、稻飞虱和二化螟等,旱育秧还有立枯病,要做好及时防治工作。

五 大田施肥、耕作与除草

1.大田施肥

(1)施肥原则

施肥的原则是有机肥和无机肥相结合,氮、磷、钾肥相结合,为水稻的生长发育提供全面合理的营养。根据一季稻的肥料试验和生产实际,大约每收获 100 千克稻谷,需纯氮 2.0~2.5 千克,氮、磷、钾三者比为 3:1:2.5,其中有机肥占 20%~30%。按此推算,亩产 650 千克以上,总施肥量是:每亩施 1 000~1500 千克有机肥或约 50 千克饼肥,25~30 千克尿素,约 40千克过磷酸钙,约 20 千克氯化钾。其中基肥每亩施 10 千克左右尿素,约 10千克氯化钾,有机肥及磷肥全做基肥。施肥方法是将所需的有机肥和无机肥混合均匀后施到田中,再耕翻整地,使全耕作层均有肥料。这种施肥方法也叫作全层施肥法。

(2)增施有机肥的意义

有机肥又叫农家肥,种类繁多,有人、畜、禽粪尿,土杂肥,厩肥,堆肥,沤肥和绿肥等。施用有机肥的意义是:有机肥原料来源广,可以就地取材,就地积制,只花功夫,不需投入多少资金,可节省化肥,降低生产成本;有机肥含有多种营养元素,除含氮、磷、钾等大量元素外,还含有许多作物所需的中量元素和微量元素,能给水稻提供全面的营养,特别是提供微量元素营养,同时能提高稻米的品质和适口性;有机肥含有机质和腐殖质,能改良土壤结构,协调土壤的水、肥、气、热,增强土壤的通气透水能力和保肥、保水、供肥、供水能力;有机肥含有生长素、维生素、胡敏酸和氨基酸等有机物质,对水稻营养生理和生物化学过程能起特殊作用,还能提供二氧化碳供水稻光合作用之用;有机肥缓冲性大,可缓和土壤酸碱性变化,消除或减轻盐碱类土壤对水稻的危害;有机肥适用性广,对各类土壤及各种农作物都适用。此外,有机肥还可以变废为宝,清洁环境,有利于改善生态环境,促进农业可持续发展。因此,增施有机肥一直受到人们的重视,近年因增施有机肥比较费工,一些劳力外出多的地区渐渐少用或不用,故应再次强调,以引起重视。

(3)稻草直接还田法的注意事项

稻草还田对水稻生长发育及稻田土壤改良,具有特殊作用,且稻草资源较多,值得大力提倡。稻草中含有水稻生长发育所需的氮、磷、钾、硅等大量营养元素和各种微量元素。经测定:一般稻草中含氮 0.57%、磷 0.75%、钾 1.83%、硅 11.0%、有机质 21%。特别是硅、钾含量高,能增加茎叶抗病抗虫、抗寒、抗旱、抗倒伏能力,促使根系发育健壮,增强其对有害物质的抵抗力。另外,稻草的主要成分是纤维素和半纤维素,碳氮比值大,分解比较缓慢,所以稻草还田有利于积累土壤有机质,对降低土壤容重,增加土壤孔隙度,改善土壤通透性,具有良好作用,特别是对渗透不良的瘠薄土壤,改良效果十分显著。

稻草直接还田法要注意以下事项:先将稻草铡成 10 厘米左右长的段,然后均匀撒在田面上,再进行耕耙等整地作业,使稻草与土壤充分结合。稻草还田在夏秋季收获后即进行较好,经过冬春一段时间,稻草有一定程度分解，可减少淹水栽植后的有害气体产生。稻草还田一次用量不宜太多，一般以每亩施 1 000 千克左右为宜。稻草还田能够形成土壤有机质在 20%左右，从而可以维持土壤有机质含量。如果一次施草量过多，稻草在还原状态下分解时会产生大量有害物质，反而对当季生长的水稻不利。由于稻草含碳多，含氮少，碳氮比为 63:1，稻草施入土壤中，需经过土壤里的微生物食用分解，当土壤中的微生物以稻草为食进行繁殖活动时，稻草中氮元素不能满足微生物自身繁殖的需要，必须从土壤中吸取一部分氮素作为补充，这样稻草还田后，前期不仅不能给水稻生长提供氮素营养，反而和水稻争夺土壤中的氮素，所以稻草还田后，前期要增施氮肥。增氮量一般为每亩施 1 000 千克稻草，增施 3~5 千克纯氮，折合碳酸氢铵为 20~30 千克。可按这个比例计算增施氮肥的数量，将其作为基肥施下，并与土壤及稻草充分混匀。稻草还田的稻田要及时多次落干晾田，排除稻草在分解腐烂过程中产生的有害气体，增加土壤中的氧气，促进根系生长。稻草还田时不要长期淹水，否则会产生有害气体，危害水稻根系，严重时造成黑根烂根，出现僵苗不发，甚至死苗。

（4）稻草堆肥还田法

稻草堆肥还田法就是先把稻草堆制成腐熟的堆肥，再把它施入大田中。稻草堆肥的制作方法是：将稻草铡成长 10 厘米左右的碎草，再分层堆积，一般堆宽 2 米左右，高 1.5 米左右，堆的长度可根据场地形状、面积和稻草的多少而定。先铺一层稻草，厚度 30~40 厘米，在稻草上撒一层化肥，按每 100 千克稻草撒尿素 0.3~0.5 千克，再撒一些粪尿，然后再撒一次水，撒水量以使稻草湿透为度。随后按上述步骤重复进行多次，直至堆高 1.5 米左右为止。稻草堆好后，在稻草上面及四周用沟塘泥封一层。当堆温上升到 40 ℃左右时，要及时翻堆，促使发酵均匀。

堆肥的天数以 4~6 个星期为好。堆肥时间过短，发酵分解不完全；时间过长，会生成大量硝态氮，堆肥施到淹水的稻田里，容易造成氮流失。稻草堆肥还田比直接还田好，因为稻草发酵腐熟过程中，有害物质被分解，不会对水稻根系产生不良影响。稻草堆肥施入大田后，能很快地释放养分供水稻吸收利用，不会产生与水稻争氮现象，可促使水稻早生快发。

同时稻草在堆内发酵产生的50 ℃以上的高温,能杀死稻草和粪肥中多种病菌、虫卵和草籽,从而减轻病虫草危害程度。稻草堆肥的施用量可以适当多些,以每次每亩施500~600千克为宜,既能补充土壤有机质的消耗,又有一定的积累,使地力得到提高。施用方法仍是耕翻前做基肥施下,与土壤充分混匀。值得注意的是:稻草堆肥生成的速效性氮素容易流失,堆放时最好覆盖薄膜防雨水淋湿。近年还提倡先将稻草投入沼气池发酵,在生产沼气的同时达到腐熟。

2.大田耕作整地

大田耕作整地的目的是通过犁、耙、耖等各种耕作手段,为水稻的根系生长发育创造一个良好的土壤环境,使水稻栽插后发根迅速,能很快地吸收水分和养分,立苗快,分蘖早,很快地搭成丰产苗架。我国稻作分布范围广,土壤类型众多,大田耕作整地的方法也多。但不管采取哪种方法耕作整地,都要精耕细整,不漏耕,不留死角。要整碎土块,使土层内不暗含大的硬土块。田面要求细软平整,一块田高低相差不超过3厘米。耕层要深厚,要逐步达到20~30厘米。不管是旱耕水整还是水耕水整,都要达到上述的标准要求,为水稻的正常生长发育创造一个良好的土壤环境,为夺取优质高产打好基础。

3.栽插前除草

水稻栽插前除草有很多好处:一是田间施药简单方便,速度快。二是药剂不与秧苗直接接触,能避开或减轻药害。三是能给施药创造最佳条件,有利于提高除草效果。四是把杂草封闭在萌发期,能有效地控制危害。所以,在茬口不是太紧张的田块,提倡栽插前防除杂草。栽秧前除草要针对稻田杂草种类,选用高效低毒除草剂或配方,使一次施药达到水稻整个生长期间基本不受杂草危害,且无农药污染,也无残毒影响稻米的品质。栽秧前常用的除草剂及其使用方法如下:

(1)丁草胺

每亩用60%丁草胺乳油125毫升,对4~5倍水,在整平田面最后一道工序时洒入田间水面,借踏平田面作业使药液分散到整个田面,施药后3~5天栽插。药效期30~40天,可有效防除田间稗草、杂草及其他一年生杂草和一些阔叶杂草。

(2)噁草灵

药效期30~40天，对萌发至三叶期的稗草、牛毛毡、禾茨藻等水生杂草有较高的防效，对扁秆藨草有较强的抑制作用。用量为每亩用12%噁草灵乳油150毫升，使用方法同丁草胺。施药后第二天即可栽插。

(3)丁草胺加西草净

该配方对稗草、眼子菜、野慈姑、鸭舌草等阔叶杂草和水绵等均有特效，药效期35~45天。使用方法是每亩用60%丁草胺乳油100毫升加西草净可湿性粉剂100克，对水30千克，保持田水深5~7厘米，均匀喷洒，隔7天后插秧。

(4)丁草胺加苄嘧磺隆

该配方对稗草、水生阔叶杂草和莎草等有较好的效果，药效期35~45天。方法是每亩用60%丁草胺乳油100毫升加10%苄嘧磺隆可湿性粉剂20克混合，对水30千克均匀喷洒，隔3天后栽插。

六 适时栽插与合理密植

1.适时栽插

水稻适时栽插很重要，它与水稻高产、稳产、优质等都有密切的关系。适时栽插要根据气温、苗情、茬口、劳力等情况而定，不能千篇一律。对于北方单季稻区和南方稻区冬闲田或绿肥茬以及山区的冬闲田一季稻，要适时早栽，以栽插小苗为主。

适时早栽的优点是有利于增穗增产，春夏之交前早插秧，白天温度较高，夜晚温度低，主茎基部由于受低温刺激而致低节位分蘖发生，同时有效分蘖期时间较长，有效分蘖多，可确保达到目标穗数。另外，由于早插秧，分蘖发生早，营养生长时间长，干物质积累多，有利于大穗形成而增加穗粒数，也有利于提高结实率和抗病抗倒能力。但是，适时早栽有一个基本条件，就是温度适宜，要保证栽后能安全成活。水稻安全成活的最低温度为12.5 ℃。水稻幼苗生长所需最低温度，粳稻为12 ℃，籼稻为14 ℃，但在15 ℃以下时，水稻生长极为缓慢。杂交籼稻幼苗生长起点温度较高，一般不低于 15 ℃。各地可根据气温稳定通过水稻成活的最低温度确定适宜移栽期。对于多熟制地区油–稻茬或麦–稻茬的一季稻，栽插时期的温度较高，已经不是制约因素，主要应该根据前茬收获期来确定适宜移栽期，尽量在极短的时间内栽插完毕，一般在 7~10 天。一季稻，适宜栽插较长秧龄的多蘖壮秧，秧龄 40~45 天，叶龄 7~8 叶，单株带 2~3 个较大的分蘖。这样的壮苗栽后发根快，能很快地吸收水分和营养而迅速生长。

一般不宜在 4~5 叶龄期移栽，因为这一时期移栽，秧苗单株带的分蘖较小，栽插时很容易埋入烂泥里面造成死蘖，栽后要重新从较高节位上出生分蘖，失去了秧田低节位分蘖获得高产的优势。概括地说，适时栽插，要么栽小苗，3~3.5 叶移栽，带土浅栽，让低节位的分蘖到大田去出生；要么栽大苗，叶龄 6.5 叶以上，则可充分利用秧田低节位分蘖大穗的优势而增产。

2.合理密植

一般来说，随着栽插密度的增加，单位面积的穗数会增多，这有利于提高产量。但是，当单位面积上的穗数增加到一定程度之后，每穗的粒数就随着穗数的增加而明显地减少，每亩的稻粒数（每亩穗数×每穗粒数）并不因此而增多，甚至反而减少。同样，粒数与结实率之间存在着类似的问题。随着栽插密度的降低，每穗粒数和结实率可能会提高，但由于穗数明显减少而导致单位面积的总实粒数减少，造成减产。

因此，栽插密度不是以单一产量构成因素的提高为目的的，而是使产量构成的各个因素相互协调发展，达到一种最佳组合状态。在产量构成的四个因素中，有效穗是构成产量的最重要因素，也是其他三个产量构成因素的基础。而有效穗一般在栽后 20 天左右就确定，它受栽培密度的影响最大。要建立一个合理的高产群体，必须根据品种的生育特性和土壤、肥料、气候等条件确定一个合理的栽插密度。

3.影响栽插密度的因素

影响栽插密度有很多因素，确定合理密植要从多方面考虑。

（1）水稻的品种（组合）特性

对矮秆、株型紧凑、耐肥抗倒、叶片直立、群体透光性好的品种，可适当栽插密些；对株型松散、叶片疲软、稻穗大、分蘖力强的品种，要栽插稀些。一般杂交稻的杂种优势之一是分蘖力强，应比常规稻栽插稀些。籼稻分蘖力比粳稻强，应栽插稀些。

（2）生育期

一般生育期短的，分蘖时间也较短，分蘖成穗少，要栽插密些，反之则栽插稀些。

（3）土壤条件

一般在土壤肥力较高，施肥较多时，应适当减少栽插苗数，反之则增加栽插密度。至今为止，水稻产量构成因素的最佳组合状态仍然只能通过大量的生产实践来确定，也就是说靠一些经验数据。随着品种的更新和栽培技术的进步，产量构成因素的最佳组合状态也发生了一定的变化，不同类型品种栽插的基本苗数不一样。对于基本苗数，要根据品种的高产穗粒结构中的有效穗数多少和该品种的单株分蘖成穗数多少来确定。

一般情况下，杂交中稻 30 天秧龄，每穴栽 3~4 蘖苗，50 天秧龄，每穴栽 5~6 蘖苗，能成穗 10 个左右。反过来推算，亩产 600 千克目标产量的穗粒结构，多穗型品种的有效穗要在 18 万~20 万，大穗型的品种要在 15万~16 万，那么多穗型组合每亩基本苗要在 7.5 万~9.0 万，大穗型要在 6.0万~7.5 万。秧龄越长，基本苗数越多。

4.栽插方式

水稻产量要素的构成，首先决定于移栽的基本苗数，在基本苗数大致相近的情况下，由于栽插的行株距规格不同，从而形成不同的生态小环境，如植株间的光照和湿度，通风条件和植株的营养，这些条件的改变也会对产量要素的构成产生一定的影响。我国水稻栽插的行株距配置方式主要有三种：一种是等行株距的正方形方式；一种是宽行窄株的长方形方式；一种是宽窄行相间，株距不变的宽窄行方式。采用宽行窄株、东西行向栽插，有利于改善通风透光条件，有明显的增产作用。一季稻一般栽插密度为 13.3 厘米×30 厘米或 16.5 厘米×26.5 厘米，每穴栽插 4~5蘖苗。

5.提高栽插质量

水稻生产中的栽插质量对秧苗生根与返青的快慢、分蘖的早迟、产量的高低等都有很大的影响,要注意浅、直、匀、稳地栽插。

(1)浅插

浅插的优点有:能使发根节处于地温较高的浅土层,有利于根系的营养吸收和生长发育,如5月地表1厘米比地下5厘米在晴天中午的温度要高2~3 ℃,根系生长最适宜温度是32 ℃,可见浅插对生根有利。能促进分蘖发生,这是因为分蘖的发生与昼夜水的温差有关,温差较大,分蘖发生节位低,数目也多,由于地表温差比地下大,所以浅插有利于分蘖发生。有利于提高光能利用率,浅插使植株呈扇状散开,能截获更多的光能,提高水稻前期生长的光能利用率。因此,浅插是提高栽插质量的重要环节。

(2)减轻植伤

减轻植伤,利于水稻早活棵、早返青和早分蘖。早出生的分蘖穗总粒数和成熟粒数多,有的甚至比主茎穗还要多,这对提高产量有重要作用。减轻植伤的措施主要有培育健壮的秧苗,拔秧时尽量减少根的植伤和利用小苗带土移栽等。

七 返青分蘖期栽培管理技术

1.返青分蘖期的栽培目标和生育特点

(1)栽培目标

返青分蘖期是指从移栽到拔节之前这段时期,一季稻为20~40天,栽培目标是培育足够健壮的大分蘖,形成合理的叶面积,积累一定数量的干物质,培植强大的根系群。栽培的关键是促进早发,争取多穗,培育壮蘖增大穗。

(2)生育特点

移栽的水稻,由于植伤,栽后要经过一段从生长停滞到逐渐恢复生长的时期,即返青期,一般为5~7天。移栽后10天左右开始分蘖,20天左右达分蘖盛期,25~35天达最高分蘖期,而能够分蘖成穗的有效分蘖期很短，一般在栽后20天左右。

水稻分蘖期的生长表现在两个方面，一是地上部长叶长分蘖，二是地下部长根。由于大量的营养器官的分化和增生，需要较多的氮素营养供给，在稻体内表现出以氮代谢为主的生育特点。水稻根的萌发、伸长和各种生理活动都需要足够的氧气，虽然水稻根系有一定的泌氧能力，但长期淹水使土壤还原性变强，会产生硫化氢等有毒物质伤害根系，从而产生黑根，甚至引起烂根，造成僵苗或死苗。

（3）影响分蘖发生和生长的环境条件

温度：分蘖发生的最适气温是30~32 ℃，水温是32~34 ℃；最高气温是38~40 ℃，水温为40~42 ℃；最低气温为15~16 ℃，水温是16~17 ℃。气温低于20 ℃，水温低于22 ℃，分蘖发生十分缓慢。

日照：日照充足，叶片光合强度高，光合产物增多，促进分蘖发生和生长，反之则分蘖发生迟而少。

水分：分蘖期是水稻对水敏感时期，水分不足，秧苗吸水吸肥就少，使分蘖发生受阻；水分过多，水层过深，土壤缺氧，影响秧苗正常呼吸，消耗养分多，且又降低了土温，对分蘖发生不利。在高温（26~36 ℃）条件下，当土壤持水量达80%时，分蘖发生最多。灌深水和重晒都能抑制分蘖。

矿质营养：营养水平高，分蘖发生早而快，反之则发生迟、停止早。在各种营养元素中，氮素对分蘖影响最大，叶片中的含氮量应高于3.5%，分蘖才会顺利发生；当叶片的含氮量降到2.5%时，分蘖就停止发生；降到1.5%时，分蘖开始死亡。叶片中磷酸含量在0.25%以下时，分蘖停止发生。含钾（K_2O）量在1.5%时，分蘖缓慢。

2.返青分蘖期的管理技术

（1）返青分蘖期的水分管理

现代高产栽培都强调稀播培育壮秧，秧苗素质好，栽后发根快，栽后无须深水护苗。最好的办法是浅水栽插，栽后5~7天能自然落干，这样基肥不易流失，土壤的水气比较协调。如果有水，仍需排干。落干时结合追肥除草，晾田2~3天，再灌3厘米左右浅水。栽后20天左右，当全田茎蘖数达到预定穗数的90%（肥力高的田达预定穗数的80%）时，及时开沟排水晒田，达到既控制分蘖又不损伤根系的目的。第一次晒到田边开小裂而不陷脚，灌上浅水（跑马水），隔2~3天再晒，反复多次，直至分蘖不再上升为止。

（2）返青分蘖期的肥料管理

返青分蘖期良好的长势、长相是：移栽后3~5天活棵，7~10天见分蘖，20天前分蘖达到预定穗数指标，叶色浓绿，挺而不披，植株矮壮、散开。分蘖肥要早施，促进早期有效分蘖，是争足穗、大穗的重要措施。一般在栽后5~7天每亩施尿素7.5~10千克。土壤肥力高或基肥足的田，可少施或不施分蘖肥，反之要多施。秧龄长的要多施，使营养生长期能适当延长些，促进分蘖与长穗增粒。

（3）及时中耕除草

中耕耘田不仅是为了除草，还能补充土壤氧气，消除土壤中的还原性有毒物质如硫化氢等，加速肥料的分解与养分的释放，尤其是土壤黏重、施用未腐熟有机肥的田块，更需要及时耘田。一般活棵后，杂草出芽，排干田水耘田，使杂草被泥巴糊住，晾晒2~3天，草即死亡。在易旱地区舍不得排水晾田的田块，可用耘耙带水耘田，促进通气增氧，这对无公害优质稻米生产非常有利。对栽插前未用除草剂的田块，也可在此时用除草剂除草。

（4）病虫害防治

返青分蘖期主要病虫害有纹枯病、条纹叶枯病及稻蓟马、稻飞虱、稻叶蝉、螟虫类等，要做好及时防治工作。

（5）防倒伏

对于植株较高、稻穗较大、后期易倒伏的品种，除经常晒田和及时防治病虫害，提高本身抗性外，在分蘖后期拔节前10天左右，喷洒烯效唑药液，有降低株高、增粗基部茎秆和增强抗倒伏能力的作用。每亩用5%烯效唑粉剂80~100克，对水60千克均匀喷雾。此时喷烯效唑还有提高成穗率的增产作用。

八 拔节长穗期栽培管理技术

1.拔节长穗期的栽培目标和生育特点

(1)栽培目标

拔节一般在分蘖高峰期后开始，直至抽穗后数日才停止，这一段时间生产上统称拔节长穗期，一季稻为30~35天。栽培目标是在保蘖增穗的基础上，促进壮秆、大穗，防徒长和倒伏。

(2)生育特点

拔节长穗期是水稻营养生长和生殖生长并进时期，地上部茎叶迅速增大，最长叶片相继出生，全田叶面积达最高，地下根部生长量也达最大，同时穗迅速分化、生长。此期是壮秆大穗关键时期，也是提高穗粒数和结实率的关键时期。这一时期地上部干物质积累占水稻一生总量的50%左右，因而也是需肥量最多的时期。

2.拔节长穗期的管理技术

(1)水分管理

拔节长穗期要处理好生理需水旺盛和根系需氧量大的矛盾。前期维持湿润，保持通气良好；后期适当建立浅水层，一般保水10天(圩区5天)、晾田5天至抽穗。

(2)肥料管理

拔节长穗期施肥可分为施促花肥和施保花肥。促花肥是在第一苞分化期至第一次枝梗分化期(抽穗前30天左右)施用。保花肥有效施肥期是雌雄蕊形成期到花粉母细胞形成期之间，即抽穗前18天左右，此时幼穗长度在1.0~1.5厘米。施促花肥要稳，一般中籼亩施3千克左右(中粳5~7.5千克)尿素和5千克左右氯化钾，以争取较大的稻穗。保花肥一般每亩施5~7.5千克(粳稻5千克)尿素，5千克氯化钾，以满足水稻生长的需求。氮肥不宜过多，以防后期贪青。

(3)病虫害防治

拔节长穗期主要的病虫害有纹枯病、白叶枯病、稻瘟病、稻曲病、螟虫类、稻苞虫、稻纵卷叶螟、稻飞虱等，要及时做好防治工作。

九 抽穗结实期栽培管理技术

1.抽穗结实期的栽培目标和生育特点

(1)栽培目标

抽穗结实期经历抽穗、开花、乳熟、蜡熟、黄熟生育阶段，一季稻需30~45天。此期是决定粒数和粒重的关键时期，栽培目标就是养根护叶，提高结实率和千粒重。

(2)生育特点

水稻抽穗结实期间，谷粒中碳水化合物积累贮存形成的产量，约有1/4来自抽穗前贮存在茎秆里的碳水化合物，1/8来自衰老叶片的物质运转，其余约2/3来自绿叶的光合产物。最上面三片叶对提高粒重起决定性作用，其中以剑叶的同化和供应能力最大，其次为倒2叶、倒3叶。叶片功能与根系活力密切相关，养根才能保叶。

2.抽穗结实期的管理技术

(1)水分管理

抽穗开花期是水稻需水的第二个敏感期，灌浆结实期也不宜断水，水分不足会影响光合作用和碳水化合物的运输，但长期淹水又不利于根系生长。一般抽穗灌浆的前15天保持浅水层，开花期遇35 ℃以上高温要灌深水降温，之后采取间歇灌水的方法，即灌一次水，让其3~4天自然落干，湿润2~3天再灌一次新水，反复进行，直到成熟收割前7天左右断水，切忌断水过早。

(2)肥料管理

齐穗期追肥可提高叶片含氮量，提高光合能力，增强叶片功能和根系活力。齐穗期施肥要看田、看天、看苗而定，肥力高的田不施，苗不黄不施，气温低、寡日多雨不施，病害重不施，杂交稻根外施肥比较稳妥。每亩用0.5千克尿素加200克磷酸二氢钾，对50千克水，在下午扬花后喷施到叶面上。

(3)病虫害防治

抽穗结实期主要病虫害有白叶枯病、稻瘟病、稻曲病以及稻纵卷叶螟、三化螟、稻飞虱等，要及时防治。特别是稻飞虱暴发年份，更要积极主动防治。

(4)适期收获

及时收获，有利于优质高产和提高收割效率。一般在九成黄时收割，这时谷粒有90%变成金黄色，穗枝梗也已变黄。成熟时不及时收割，遇到大风雨可能引起倒伏。

第二节　双季稻高产优质栽培技术

双季稻主要分布在江淮地区南部、沿江江南和华中华南地区。近年来，随着耕地的减少，人口的增长，国家对粮价的保护，以及优质高产的双季早、晚稻新品种的不断育成应用，种植面积又有所扩大，双季稻仍将是我国水稻生产的重要组成部分。

一　双季早稻高产栽培技术

1.双季早稻生产的特点

我国双季稻最北缘地区，光热资源有限，全年大于10 ℃的积温为4 800~5 200 ℃，适宜水稻生长天数为210~220天，限制了生育期较长、增产潜力大的早稻和双晚品种的种植。生产上常用全生育期100天左右的早稻品种，产量不高，一般每亩产量350千克左右。早稻生产期间的气温是逐渐上升的，早春育秧期间易遭受低温冷害，常出现烂芽烂秧，导致基本苗不足而致减产。抽穗结实期间易受高温为害，结实率和千粒重降低而致减产。生产上应采取措施，适当提前播种，调整好播栽期，尽量避免冷害和热害，得到高产稳产。

早稻茬口多样，前茬有冬闲田、绿肥和油菜，特别是油菜茬收获晚，收割后要立即栽插，时间紧，劳动强度大。品种生育期短，感温性强，秧龄弹性小，秧龄过长易“带胎上轿”，栽后很快抽穗，导致穗数少，每穗粒数少，减产幅度大。如果推迟播种，那么成熟期将推迟，又影响双晚的正常栽插，对双晚的产量带来不利的影响。所以，在早稻的生产上还要全面考虑,保证早晚稻生产都能获得高产。早稻生产由于品种生育期短,灌浆结实期处于高温阶段,昼夜温差小,因而米质较差。但早稻生产期间虫害发生较轻,随着早稻优质米品种的不断推向生产,有利于绿色稻米的生产。

针对早稻上述的生产特点,栽培上主要采取以下技术策略:选用生育期稍长的增产潜力大的品种;提早育苗,适当延长秧龄和改变育秧方式,冬闲田以薄膜旱育秧为主;以烯效唑化控促进秧苗分蘖和增大秧龄弹性,平衡施肥提供全面的营养,湿润间歇灌溉增加前期地温和促进根系生长。最终使植株健康旺盛生长,稻谷产量大幅度提高。早稻栽培的技术难点是浸种催芽和育秧管理。

2.选用高产良种,建立合理的高产群体穗粒结构

(1)选用配套良种

选用早稻品种,不仅要考虑早稻高产,还要兼顾晚稻也能高产,早晚稻品种搭配好,全年生产大丰收就可能实现。早稻品种的选用,以最近几年来新育成的品种为主,除了要求高产、抗病虫和抗逆性较强外,重点是关注生育期的长短。双季稻北缘地区,要选用早、中熟的良种或杂交组合,全生育期105~110天,最长不超过115天,要求早熟品种能在7月20日前成熟,迟熟品种在7月底前成熟。农民要根据各自的稻田面积、劳力、茬口等情况,确定早、中熟品种的比例。对中、迟熟品种,要适当提早播种,用薄膜保温旱育秧,适当延长秧龄,促进早成熟早让茬。南方双季稻区宜选用中、晚熟品种或杂交组合,同样采用薄膜保温旱育秧,提早10天左右播种,适当延长秧龄,促进早成熟早让茬。

(2)早稻亩产500千克以上的穗粒结构

品种选好后,要依据稻穗大小及其他特性,建立与品种相应的高产穗粒结构作为生产目标,是水稻高产栽培的重要环节。种植的早稻品种(组合),按其穗粒数多少,可分成大、中、小三种类型的稻穗,各自的高产结构组成各有差异。大穗型品种(组合)的穗粒结构是:每亩有效穗20万~22万,每穗120~130粒,结实率85%左右,千粒重23~26克。中穗型品种(组合)的穗粒结构为:每亩有效穗23万~25万,每穗100~110粒,结实率85%~90%,千粒重24~26克。小穗型品种(组合)的穗粒结构是:每亩有效穗27万~29万，每穗80~90粒，结实率85%~90%，千粒重25~28克。

3.湿润育秧培育壮秧技术

水稻育秧移栽历史已有1 800多年，育秧方式多种多样，以水的管理情况划分，有水育秧、湿润育秧和旱育秧三种。以温度管理来划分，有保温育秧和常温育秧两种方式。由水分及温度管理方式而衍生的育秧方式更多，有水播水育、湿播湿育、旱播湿育、旱播旱育、薄膜覆盖湿润育苗、薄膜覆盖旱播旱育等许多种。早稻的育秧方式经历了由水育秧、湿润育秧、薄膜覆盖湿润育秧到旱育秧的发展过程，现在生产上以薄膜覆盖旱育秧和湿润育秧为主要方式培育多蘖壮秧。

（1）播栽期的合理确定

播种与栽插的日期，在早稻的高产栽培中显得很重要，要求也高，必须抓紧季节，不误农时。早稻的最早播种期，要与幼苗生长要求的最低温度14 ℃（籼稻）相适应，也就是当苗床温度稳定在14 ℃以上时播种才能保证秧苗的正常生长，我国双季稻北缘地区达到此温度的日期为4月10日左右。若要在此日期前播种，要采取保温措施，如覆盖薄膜。最迟播种期要根据品种的播始历期来确定，确保6月底前能抽穗，抽穗过迟易受高温危害，并且成熟过晚会影响双晚的高产。

播栽期的安排，主要根据茬口来确定：一般冬闲田或接花草茬，可在3月20日—25日播种，4月25日—30日移栽，秧龄30~40天；接白菜型油菜茬，4月5日—10日播种，5月15日—20日移栽，秧龄35~45天；南方早稻可根据当地气温条件适当提前播种。

（2）播种量

试验研究结果表明，早稻每亩单产500千克以上湿润育秧的秧田，每亩播种量为：常规稻25~30千克，杂交稻15~17.5千克，秧本田比为1:（6~7），薄膜旱育秧每平方米播种75~100克，秧龄在40~45天。这样大幅度降低了播种量，节省一半以上的用种量。

（3）浸种与催芽

由于早春气温低，早稻的浸种与催芽容易发生问题，因此是生产上必须重视的环节。浸种前晒种1~2天，晒种能增强种子内酶的活性，提高胚的生活力，同时提高种皮的通透性，增强吸水能力，提高发芽率。而且晒种还有杀菌防病的作用。晒种时要注意薄摊、勤翻、晒匀晒透，防止破壳断粒。晒种后要对常规种子进行泥水或盐水选种，清除秕谷、病谷和杂草种子，提高种子整体质量。

浸种与消毒一般同时进行。浸种是为了让种子吸足发芽所需要的水分，使种子发芽整齐一致；消毒是预防由种子而传播的病虫害，如稻瘟病、白叶枯病、恶苗病、细菌性条斑病及干尖线虫病等。常用的浸种消毒方法有石灰水浸种、强氯精药液浸种、浸种灵浸种、烯效唑浸种等。

催芽是通过人工控制温度、湿度和空气，促进种胚萌动，长出根芽，达到根芽整齐健壮，有利于扎根立苗，提高成秧率。

（4）湿润育秧秧田准备

湿润育秧的秧田应选择土质松软肥沃、排灌方便、距离大田较近的田块。秧田年前耕翻冻垡，播种前 10 天左右施基肥，每亩施腐熟有机肥或人畜粪 1 000~2 000 千克，8 千克尿素或 25 千克碳铵，30 千克过磷酸钙，施后耕翻，耙碎耙平。播种前 1 天，排水开沟做畦，每亩面施尿素和氯化钾各 3~5 千克，与表土充分混匀。畦面宽 1.5 米，沟宽 20 厘米左右，沟深 15 厘米左右。畦面要求平、软、细，无外露的稻根、草，表层有浮泥，下层也较软，但不糊烂，以利于透气和渗水。

（5）播种

由于早春气温和地温均较低，陷入泥土里的种子容易烂芽烂种，一定要等表土沉实后才能播种。播种要根据确定好的播种量，分畦定量播种，重在播匀，才能得到整齐一致的壮苗。播种后进行轻踏谷，使种子平躺贴土，有一面露在外表，踏谷有保温、抗旱、防冻害作用。踏谷后用浸湿的草木灰或油菜壳、麦壳等物覆盖，以盖没种子为度，覆盖有防晒、防雀害及促进扎根等作用。早播的要搭弓盖薄膜，要抢冷尾暖头的晴天播种，遇阴雨天可晾芽 2~3 天，等晴天播种。播种后遇雨不要灌水护芽，敞开田块口任由雨淋不让畦面积水，稻芽有一定的抗寒能力。以往播后遇阴雨天常灌深水护芽，由于缺氧反而容易造成烂芽烂秧。

(6)秧田的肥料管理

秧田的肥料追施,应以保持秧苗稳健生长为标准,通常要注意施好离乳肥、接力肥和起身肥三个环节。

离乳肥应在一叶一心期施用,一般每亩施尿素 3 千克左右。接力肥可在三、四叶期施用,每亩施 5 千克尿素。如果秧龄超过 40 天,可在播种后 20~23 天再追施一次。施用起身肥能促进移栽后早发根、快发根,缩短返青期。起身肥在移栽前 3~5 天施,每亩追施5 千克尿素。

(7)秧田的水分管理

早稻湿润育秧的秧田水分管理容易掌握, 一般秧苗 3.5 叶期前保持畦面湿润,不建立水层,即使遇上低温阴雨连绵的天气也不要上水护苗,否则会引起烂芽死苗或出生弱苗。晴天有时畦面晒开小裂也不要急于上水,畦面太干时,可于傍晚灌跑马水。这样有利于秧苗扎根和根系生长,还可提高早稻秧田温度,促进幼苗生长。3.5 叶期后,畦面保持浅水层不间断,以免造成移栽时拔秧困难。

4.早稻旱育秧技术

(1)秧田整做与培肥

旱育苗床应选择土壤肥力高、地势高爽、排灌方便的庭院地、菜园地、旱地。旱育苗床需培肥,秋收让茬后,每亩施 1 500 千克切碎的稻、麦草,分两次施入耕层,播种前 30 天进行床土调酸,当pH为6.5、7.2、8.0时,每平方米分别施硫黄粉 75 克、100 克、150克,与 0~10 厘米厚床土充分混合均匀,施后土干时应立即浇一次水。播种前 10~15 天,多次耕耙耖平,做到畦面平整、土碎、无碎石、无杂草,每平方米施腐熟有机肥 8~10千克,尿素 30 克,过磷酸钙 150 克,硫酸锌 3 克,氯化钾 30 克,与苗床 5 厘米厚表土混合均匀。苗床整做规格,畦宽 1.2~1.4 米,长10 米左右,畦高 15~20 厘米,沟宽 40~50 厘米。播种前每平方米苗床用 70%敌克松粉 3 克对水 2.4 千克,于早晨或傍晚喷施以防立枯病。

(2)播种

播种前每平方米浇水 3~5 千克,使 15 厘米表土层湿透,未用烯效唑浸种的可用水稻旱育保姆拌种,按畦定量匀播。播后镇压,使种子三面贴土，盖盖种土，喷除草剂，最后架弓盖膜或平铺薄膜。

（3）苗床控温管理

保持温度在30~32 ℃，温度过高时要注意通风降温。一叶一心后保持温度在25~28 ℃，三叶期后逐渐加大通风口炼苗，使苗逐渐适应外界环境。中稻秧齐苗时于傍晚揭去薄膜并浇透水。

（4）苗床追肥

二叶一心期和移栽前3~5天各追一次尿素，每平方米用尿素20克对水2.5千克喷施，喷后立即用清水冲洗一遍。

（5）管水

早晨叶尖不挂水珠，中午卷叶，表示缺水，要浇一次透水，否则不需浇水。

（6）除草

1.5~2叶期，每平方米用20%敌稗乳油1.2毫升加48%苯达松水剂0.17毫升对水40克喷雾，防除杂草。

5.早稻大田耕作施肥与栽插

（1）大田耕作整地

大田耕作整地有两种方式，一是水耕水整，二是旱耕水整。耕前施好基肥，先施肥后耕翻。大田整地要达到如下标准：精耕细整，耕层深度20厘米左右，不漏耕，要耙碎土块，使土层内不暗含大的硬土块，田面要细软平整，同一块田高低相差不超过1寸（约3.3厘米），为水稻的生长发育创造一个良好的土壤环境。

（2）大田施肥

一般单产500千克/亩左右稻谷，需施10~12千克纯氮；单产600千克/亩以上的稻谷，需施13~15千克纯氮。氮、磷、钾之比约为3:1:2.5，其中有机肥占20%~30%。早稻的基肥、蘖肥与穗肥的比例约为5:3:2或4:3:3。具体来说，单产500千克/亩以上的早稻，每亩施肥总量为：有机肥1 000千克左右，尿素20~25千克，过磷酸钙25~30千克，氯化钾10~15千克，其中基肥是10千克尿素和7~10千克氯化钾，缺锌的田施1~2千克硫酸锌。有机肥及磷肥全做基肥。基肥施用方法是：将所要施的有机肥和无机肥（氮、磷、钾、锌）混合均匀后再撒施到大田中，紧接着耕翻整地。

（3）合理密植

合理密植要根据水稻品种（组合）的最佳单位面积穗数来确定基本苗的多少。至今为止，水稻不同品种（组合）的最佳单位面积穗数仍然只能通过大量的生产实践来确定，也就是说靠一些经验数据。从近年来早稻试验分析及生产调查可知，早稻的有效穗是基本苗的 2 倍左右，这样就可以根据不同品种（组合）的最佳有效穗推算出应该栽插多少基本苗。一般大穗型、中穗型和多穗型早稻，它们的高产每亩穗数分别是 20 万~22 万、24 万~26 万和 27 万~29 万，由此可知它们相应的每亩基本苗应以 10 万、12 万和 14 万左右为宜，栽插规格分别为 13.3 厘米×23.3 厘米、13.3 厘米×20 厘米、10 厘米×20 厘米。

6.返青分蘖期栽培管理技术

（1）返青分蘖期的栽培目标和生育特点

返青分蘖期指从移栽到拔节之前这段时间，早籼稻 20 天左右，时间短，栽培目标是培育足够健壮的大分蘖，形成合理的叶面积，积累一定数量的干物质，培植强大的根系群。栽培的关键是促进早发争多穗，培育壮蘖增大穗。生育特点是：由于移栽产生植伤，栽后要经过一段生长停滞到逐渐恢复生长的时期，即返青期，一般为 5~7 天。移栽后 10 天左右开始分蘖，20 天左右达分蘖盛期，25 天左右达最高分蘖期，而能够分蘖成穗的有效分蘖期很短，仅 5~10 天。早稻返青分蘖期要以提高地温为中心，促进分蘖早生快发。

（2）水分管理

水分管理应是浅水栽插，栽后 5~7 天能自然落干，未落干的田也要排水晾田 2~3 天，一能提高地温，二能促进扎根，有利于促进分蘖，再于傍晚灌花杂水（即见水见泥），耗干后再灌。栽后 20 天左右，当全田茎蘖数达预定穗数（肥力高的田达预计穗数的 85%~90%）时，排水晒田，晒至分蘖不再上升为止。

（3）早追促蘖肥

返青分蘖期良好的长势长相应是：移栽后 3~5 天活棵，7~10天见分蘖,20 天左右达到预计穗数。叶色浓绿,挺而不披,植株矮壮、散开。分蘖肥要在栽后 5~7 天追施,每亩追施尿素 5~7.5 千克。土壤肥力高或基肥足的田,可少施或不施分蘖肥,反之要多施。秧龄长的要多施,使营养生长期能适当延长些,促进分蘖与长穗增粒。

(4)及时中耕除草

一般栽后 5~7 天活棵后,排干田水,施肥耘田,晾田 2~3 天。当然对栽插前未用除草剂的也可在此时用除草剂除草。

7.拔节长穗期的栽培管理技术

(1)拔节长穗期的栽培目标和生育特点

早稻拔节一般在分蘖高峰期开始, 直到抽穗后数日才停止节间伸长。拔节长穗期的栽培目标是保蘖增穗,促进壮秆、大穗和防止徒长。生育特点是水稻营养生长和生殖生长并进,地上部茎叶迅速增大,最长叶片相继出生,全田叶面积达最高,地下根部生长量也达最大,同时穗迅速分化、生长。此期是壮秆大穗关键时期,也是提高结实率的关键时期。此期地上干物质积累占水稻一生总量的 50%左右,因而也是需肥量最多的时期。

(2)水分管理

以保持湿润、通气良好为佳,以间歇灌溉为主,一般保水 10 天晾田 5天,圩区保水 5 天晾田 5 天。

(3)肥料管理

早稻幼穗分化在拔节之前,孕穗期也较短,一般少施促花肥,重施保花肥。促花肥于抽穗前 30 天每亩施 3.5 千克尿素,氯化钾 4~5 千克。保花肥有效施肥期是雌雄蕊形成到花粉母细胞形成之间(在抽穗前 18 天左右,此时幼穗长度在 1.0~1.5 厘米),一般每亩施尿素 5~7.5 千克,氮肥不宜过多。

(4)主要病虫害防治

孕穗期重点防治纹枯病,每亩用 20%井冈霉素粉剂 50 克对水 60 千克,对准稻株中下部均匀喷雾 2~3 次,每次间隔 7 天左右。

8.抽穗结实期的栽培管理技术

(1)抽穗结实期的栽培目标和生育特点

抽穗结实期经历抽穗、开花、乳熟、蜡熟、黄熟阶段,早稻一般28天左右。此期是决定实粒数和千粒重的关键时期,栽培目标就是养根护叶,提高结实率和千粒重。

(2)水分管理

开花受精期是水稻需水的第二个敏感期,灌浆结实期也不宜断水,水分不足会影响光合作用和碳水化合物的运输,但长期淹水又不利于根系生长,一般在抽穗后5~15天内保持浅水层,其后宜采取间歇灌水方法,灌一次水,让其3~5天内自然落干,湿润2~3天再灌一次新水,反复进行,直到成熟收割前7天左右断水。

(3)肥料管理

齐穗期追肥能提高叶片含氮量,提高光合作用效率,延长叶片功能和根系活力。早稻一般齐穗后不追肥,对肥力低、叶色变黄的田块酌情追肥,常采取根外追肥,每亩用0.5千克尿素,加200克磷酸二氢钾,对50千克水,在下午扬花后喷施到叶面上。

(4)病虫害防治

穗期重点查治四(Ⅱ)代稻飞虱和治四(Ⅱ)代稻纵卷叶螟等,防治时期掌握在稻飞虱低龄若虫高峰期、稻纵卷叶螟低龄幼虫高峰期。每亩用10%蚜虱净粉剂20克加95%杀螟2000粉剂50克,对水60千克,均匀细水喷雾。

(5)适期收获

一般以在九成黄时收割为宜,这时有90%谷粒变成金黄色,穗枝梗也已变黄。早收早让茬,来不及脱粒的晒1~2天,堆起来,等双晚栽插后再脱粒。

二 双季晚粳高产栽培技术

1.双季晚粳的生产特点

双季晚粳主要分布在长江以南地区,种植的品种以杂交粳稻组合为主，如“皖稻199”等。双晚生产期间，气温逐渐下降。育秧期间温度高，催芽容易，很少有烂芽烂秧现象出现，但秧苗容易徒长。移栽期间遇全年最高温阶段，秧叶易被晒焦，生产上要做好防徒长和避高温工作。抽穗灌浆期温度下降快，灌浆速度慢，有利于优质稻米生产，但易受寒露风为害而出现“翘穗头”，结实率下降或不结实。为了确保安全抽穗，正常受精结实，根据历年气温情况，双季稻北缘地区确定晚籼的安全齐穗期为9月10日左右。

双季晚籼生长季节短，由于受前茬早稻让茬早迟的限制和安全齐穗期的制约，一般6月15日—20日播种，到9月10日—15日齐穗，播始历期80~85天，品种的全生育期为110~125天。选用品种时要注意选用生育期适宜的高产优质品种，南方可选用生育期稍长的品种。

双晚生长期间，病虫发生危害频繁，要密切注意及时防治。

2.选用高产杂交稻品种，确立合理可行的高产群体结构

（1）选用高产品种组合

选用熟期相宜的晚稻高产品种或杂交组合，要根据早稻成熟收割期确定，早稻让茬早的选生育期较长的高产品种组合，早稻让茬晚的则选生育期较短的品种组合。一般选用全生育期110~125天的籼杂组合。另外要注意选用抗病抗虫性强、抗逆性好、米质优的高产品种。

（2）晚籼亩产500千克以上的穗粒结构

双季晚籼生产上的不同品种（组合），其稻穗的数目在100~150粒，以此分类建立单产500千克/亩以上的穗粒结构目标。大穗型品种（组合）的高产群体是：每亩有效穗20万~22万，每穗140~150粒，结实率80%~90%，千粒重25~27克。小穗型品种（组合）的穗粒结构是：每亩有效穗24万~26万，每穗90~110粒，结实率80%~90%，千粒重26~28克。

3.培育壮秧技术

（1）播栽期的确定

双季稻北缘地区的双晚生产对播栽期要求严格，必须确保所选用的双晚品种（组合）能在安全齐穗期（9月10日）齐穗，那么始穗期在9月5日左右，可以根据双晚品种的播始历期向前推算，双季晚籼稻的播种期在

6 月 15 日—20 日。播种期确定之后，根据早稻的让茬期确定晚稻的移栽期，一般在 7 月 15 日—25 日移栽，秧龄 30~35 天。

（2）播种量

晚稻育秧正处于高温快速生长阶段，播种量要比早、中稻降低。晚稻单产 500 千克/亩以上的湿润育秧每亩播种量为：常规品种 20 千克左右，杂交稻 10 千克左右。秧龄可长至 35 天左右，秧本田比为 1:(6~8)。

（3）浸种与催芽

浸种前的晒种、选种与早稻相同。由于 6 月中旬温度较高，浸种时种子吸水快，浸种时间不可长，杂交籼稻间隔浸种 24~36 小时，常规稻浸种 36~48 小时，并要每天换一次水。为预防恶苗病和秧苗徒长，可用烯效唑液浸种。单独预防恶苗病，可用 400 倍强氯精药液浸种或用浸种灵浸种。双晚催芽容易，因为气温高，可采取日浸夜露的办法，直至破胸出芽。注意双晚催芽不宜长，一般破胸露白即可播种，也有农户只浸种不催芽直接播种。

（4）秧田整做与施肥

双晚秧田除有专用秧田外，还可选择土质松软肥沃，排灌方便、距大田较近的油菜茬田或麦茬田做秧田，湿润育秧的秧田整做同早稻秧田。每亩施基肥量为：腐熟的人畜粪 1 000 千克，10 千克尿素，25 千克过磷酸钾，5 千克氯化钾与化肥混合后均匀撒施。播种前 1 天排水开沟做畦，浮泥沉实后播种。

（5）播种

根据确定好的播种量和播种面积，分畦定量播种，先播总种量的70%~80%，剩下的补缺补稀，先播后补，重在播匀。双晚播种由于温度高，蒸发量大，表土容易干燥，播种后要重踏谷，使种子基本贴到泥里，但也不可过深，表面以尚能见到种子为宜。踏谷后用麦壳或菜籽壳覆盖，有防晒、防雀害及促进生根作用。

（6）秧田肥料管理

秧田要追好离乳肥、接力肥和起身肥：秧苗一叶一心期，每亩施离乳肥 4 千克左右的尿素，三叶期每亩施接力肥 5 千克尿素，移栽前 3~4天每亩追施起身肥 5 千克尿素。起身肥要根据栽插进度分次追施。

(7)秧田水分管理

双晚湿润育秧,由于温度高,秧苗长得快,畦面淹水比早稻早,一般三叶期前保持畦面湿润,三叶期后保持畦面浅水不断。

(8)控苗

双晚秧苗容易徒长,如未用烯效唑浸种的,要在秧苗一叶一心期喷多效唑控高促蘖,每亩秧田用200克15%的多效唑粉剂对水100千克,对秧苗均匀喷雾,喷药前要排干水,注意匀喷,不能漏喷也不能重喷,重喷易产生药害,秧苗长不起来。一旦发现药害,立即施用速效氮肥恢复秧苗生长。

(9)秧田病虫害防治

双晚秧病虫害多,注意稻瘟病、白叶枯病、恶苗病、稻蓟马、螟虫等病虫危害,一旦发现,立即用药防治。

(10)除草

播种后2~3天,每亩用高效广谱除草剂直播清40~60克对水40千克均匀喷雾,施药后保持沟有水,畦面湿润。

4.本田栽插及管理

(1)施足基肥

杂交晚籼吸收氮磷量不比常规品种高,吸钾量则显著增加。亩产500千克稻谷,常规品种吸收纯氮10~12.5千克,五氧化二磷4~6千克,氯化钾10~15千克;而杂交稻吸收纯氮10千克左右,五氧化二磷5千克左右,氯化钾17千克左右。因此杂交晚籼要注意增施钾肥。在生产中,一般中等肥力的田块,每亩施尿素25千克,过磷酸钙40千克,氯化钾20千克,菜籽饼40千克。高肥力田块,每亩施尿素20千克,过磷酸钙25千克,氯化钾15千克,菜籽饼35千克。由于双晚同早籼一样,本田营养生长期短,为发足穗数,前期肥料要足。一般施基肥量是:尿素和钾肥各施总量的40%和50%,磷肥和菜籽饼(或其他有机肥)全部于耕翻前一次施下,施后紧接着耕播整地。

(2)合理密植

前面确定的群体结构要求,大穗型品种每亩有效穗20万~22万,小穗型品种每亩有效穗24万~26万。根据试验研究,每亩要达20万~22万穗,基本苗要栽7.5万~8.0万株;要达到24万~26万穗,基本苗要栽9万~10万株。大穗型、小穗型品种分别按13.3厘米×23.3厘米、13.3厘米×20.0厘米规格栽插,每穴分别栽3.7蘖苗、4蘖苗。

(3)适时追肥

双季晚籼约在8月上旬进入幼穗分化,移栽后有效营养生长期不长,需促早发争大穗,栽后5天追施返青促蘖肥,每亩追施尿素7.5千克;拔节期每亩追尿素3千克,氯化钾5千克;当幼穗分化长度在1.0~1.5厘米时,每亩追施尿素5.0千克,氯化钾3千克;齐穗后根据苗情在叶面适量喷施磷酸二氢钾和尿素,防早衰和促灌浆结实。

(4)薄湿水管

双季晚籼分蘖期温度高,肥料分解快,淹水时易产生有毒物质,危害幼苗生长和分蘖,管水以薄露湿润灌溉为主,当每穴茎蘖苗在10苗左右时开始晒田,多次轻晒,晒到分蘖不再上升为止,转入湿润灌溉,直到抽穗开花期的前半个月或病虫害防治期保持3厘米左右浅水层,灌浆后期也是干干湿湿,注意不要过早断水,一般以收获前5~7天断水为宜。

(5)病虫害综合防治

双季晚籼生长期温度高,湿度大,病虫害容易发生和蔓延,要加强综合防治力度。在采取的农业防治、物理防治、生物及生物药剂防治的综合控制下,对病虫重发田块采取必要的化学药剂防治。双季晚籼稻主要的病害有恶苗病、稻瘟病、白叶枯病、纹枯病和稻曲病,主要的虫害有稻蓟马、稻纵卷叶螟、二化螟和稻飞虱等,要及时做好防治。

三 双季晚粳高产栽培技术

1.双季晚粳的生产特点

双季晚粳主要分布在双季稻北缘地区的江淮南部,沿江江南地区也有种植,而且面积仍在逐年扩大。由于粳稻比籼稻抽穗灌浆期更耐低温(一般比籼稻低2 ℃),此地种植粳稻比种植籼稻更加安全保收,粳稻的安全齐穗期是9月20日,比籼稻晚10天左右。随着沪宁杭地区对优质粳稻的市场需求不断增长，双季晚粳已在双季稻区广泛种植，经济效益比晚籼更高。种植的晚粳品种有“宣粳2号”“徽粳755”“徽粳855”等。近几年来由于全球气候变暖，一些感光性中粳品种也在部分地区作为双晚品种种植，如“武运粳7号”等。双季晚粳亩产高的超过600千克，已超过双季早稻的产量水平。双季晚粳米质好，比晚籼和中粳米质都好，售价高，经济效益好，种植面积趋于扩大。

双季晚粳一般在6月20日至6月底播种，7月中下旬移栽，育秧期间温度高，且温度是上升的，秧苗生长快，易出现徒长，栽秧是全年最热的时候，劳动强度大。8月下旬后，温度逐渐下降，9月下旬后常遇寒露风危害。晚粳的播始历期80~90天，全生育期130天左右。选用品种要注意早、晚熟品种搭配，在生长期允许的条件下尽量选用生育期稍长的增产潜力大的高产稳产品种。育秧上要注意稀播匀播和化控培育多蘖壮秧和防秧苗徒长，移栽时尽量避免心叶被晒焦，生长期间要加强病虫害防治工作，尤其混杂单晚的双季稻区更要加强防治。

2.选用高产优质生育期适宜的晚粳品种

（1）选用优质高产品种

选用双季晚粳品种，要考虑面向市场。双季稻区生产的晚粳稻，绝大部分卖向外地，本地人以早稻为主粮，因此，首先要选用高产、品质优的品种，才能卖出好价，实现高效。其次要考虑生育期是否合适，接早茬选用130天左右生育期的品种，接迟茬选用120~125天生育期的品种。另外，要注意选用抗病抗虫性强、抗逆性好的品种，有利于绿色稻米生产，有利于稻米质量安全和效益提高。

（2）建立合理的高产群体结构

双季晚粳生产上的品种，大穗型每穗130~140粒，小穗型每穗80~90粒，千粒重多在22~26克。建立亩产550千克以上产量的目标群体，大穗型品种穗粒结构为：每亩有效穗22万~23万，每穗130~135粒，结实率80%~85%，千粒重25~26克。小穗型品种穗粒结构为：每亩有效穗32万~34万，每穗80~90粒，结实率85%~90%，千粒重25~26克。以上穗粒结构中，对千粒重低的小粒型品种，如千粒重在25克以下的品种，可以根据千粒重大小调整单位面积有效穗，制定高产目标。

3.培育壮秧技术

双季晚粳的壮秧技术与双季晚籼相仿。

（1）播栽期

播种期在6月17日—27日。移栽期主要由前茬早稻让茬早晚决定，一般应在7月底前栽插完毕，不栽8月秧，以7月25日前栽插效果较好。

（2）播种量

晚粳常规品种及杂交组合由于分蘖力不如籼稻，大田用种量较多，双季晚粳杂交稻每亩用种量达2.5千克左右，因而播种量要稍多些。一般亩产550千克的产量水平，湿润育秧的每亩播种量为：常规粳稻品种25千克左右，杂交粳稻15千克左右，秧本田比为1:(6~7)。

（3）浸种与催芽

粳稻吸水速度比籼稻慢，浸种时间可适当延长些。一般常规晚粳浸种48小时以上，杂交粳稻浸种36~48小时。浸种催芽方法同晚籼。

（4）秧田整做与施肥

播种和秧田管理同晚籼育秧，不再赘述。

4.双季晚粳本田栽插管理

（1）施足基肥

双季晚粳比晚籼需肥量多，要增加肥料用量，满足高产群体的需求。亩产550千克以上的稻谷，需纯氮13~16千克，五氧化二磷4~6千克，氯化钾13~15千克。生产中，一般中等肥力的田块，每亩施尿素30千克，过磷酸钙40千克，氯化钾23千克，菜籽饼50千克。肥力高的田块，每亩施尿素25千克，过磷酸钙30千克，氯化钾18千克，菜籽饼40千克。其中基肥施40%尿素和50%氯化钾，磷肥及饼肥（或其他有机肥）全部于耕翻前一次性施下，施后紧接着耕翻整地。

（2）合理密植

根据试验研究与生产调查，大穗型品种每亩在22万~23万穗，基本苗要栽10万穗以上，小穗型品种（组合）每亩要达28万~30万穗，基本苗要栽15万穗以上。大穗型、小穗型品种分别按13.3厘米×20厘米、13.3厘米×16.7 厘米规格栽插，每亩分别栽插 2.5 万穴、3.0 万穴，每穴分别栽 5~6 蘖苗。双季晚粳栽插的早迟对产量影响很大，要抢时间力争早栽插。为防止中午蒸发量太大而引起秧苗失水萎蔫，生产上可采取上午拔秧、下午栽插的方法，减少减轻焦叶，缩短返青缓苗期，为早生快发打好基础。

（3）适时追肥与水分管理

双季晚粳同晚籼一样，要尽早追施返青分蘖肥促早发，栽后 5 天每亩追施 5~10 千克尿素，拔节期每亩追施 5 千克尿素和 5 千克氯化钾。抽穗前 18 天左右，当幼穗长度为 1.0~1.5 厘米时，每亩看苗追施尿素和钾肥各 5 千克，叶色褪淡的早追，叶色浓绿的推迟施或减量施。双晚抽穗后温度下降较快，齐穗期一般不追粒肥，以免致贪青晚熟而减产。叶色变淡的田块，可在齐穗后 3 天，每亩用 100 克磷酸二氢钾和 500 克尿素，对水 50 千克喷雾，提高结实率和千粒重。

双季晚粳的水分管理与双季晚籼基本相同。

（4）病虫害防治

双季晚粳的病虫害种类及防治同双季晚籼，要特别注意纹枯病、稻瘟病和稻曲病的预防工作，以及稻飞虱暴发年份的及时防治工作。

第三节　机插水稻高产栽培技术

水稻机插具有省工、节本、增效等特点，自“十一五”起，农业农村部就将其列入农业主推技术。江苏、湖北、辽宁等省发展迅速，湖南、江西、安徽等省水稻机插率逐步提升。但其具有秧龄短、易漏插、单穴基本苗多、分蘖增长快、成穗率偏低等弱点，制约产量的进一步提高，因此要抓好品种选用、培育机插壮秧、合理密植和加强田间管理等技术环节，才能获得高产高效。

一　机插秧的育秧技术

1.机插秧的壮秧标准

机插壮秧一般要求秧龄 21 天±4 天，叶龄 3.5~4.5 叶，苗高 13~18 厘米；常规品种成苗数1.5~3株/厘米^2、杂交稻1.2~2.2株/厘米^2，盘根带土，厚薄一致（2.2~2.5厘米），根系盘结力3.5~5.5千克，形如毯状，提起后不散；苗基部扁宽，叶挺有弹性，百苗地上部干重2克以上，无病虫草。茎粗叶绿，清秀无病，叶挺具有弹性，根源基数较多，栽后发根力强，能够早扎根，早发棵。秧块土层厚度均匀，秧块四角垂直方正，没有缺边掉角，苗齐苗匀，根系盘结好，提起后不散。

2.机插秧常用的育秧方式及育秧程序

机插秧的育秧方式是与相应的插秧机型相配套的，有软盘育秧、双膜育秧、框育秧和纸筒育秧等多种。目前我国常用的育秧方式是软盘育秧。软盘育秧是用一定规格尺寸的塑料软盘（一般长58厘米，宽23厘米或28厘米，高3厘米），在软盘内装2~2.5厘米的基质，浇水播种后覆土进行保湿保温促出苗的一种育秧方式，其优点是育成的秧块大小一致，便于机械栽插。无论采取哪种方式育秧，都要遵循以下育秧程序：种子准备、基质准备、播种作业、出苗管理。

（1）种子处理及浸种催芽

种子精选：对有芒的种子先脱芒，进行风选，除去空秕谷、芒及枝梗等，再用泥水或盐水（相对密度为1.06~1.12）选出粒粒饱满的种谷。选后立即用清水淘洗干净。

种子消毒：用药剂杀死种子所带的各种病菌和线虫等，常用的药剂有浸种灵、强氯精等。

浸种：提供给种子发芽所需的足够的水分和氧气，要用干净的水浸种，并注意每天换一次水，浸种时间要根据气温和水稻品种而定，常规种和杂交粳稻一般浸种2~3天，杂交籼稻浸种1~2天，部分杂交稻种子仅需浸6~8小时即可。

催芽：可采用保温保湿办法催芽，温度控制在30℃左右，催至破胸露白时即可摊晾风干备播，气温高时可采用日浸夜露办法催至破胸露白。

（2）育秧基质准备

生产上推广使用以秸秆、稻壳等农作物副产品为主要原料，添加草炭、蛭石等辅料，能够替代土壤，加工后专用的水稻育秧材料。一般用量为：每亩大田早稻、一季常规稻准备育秧基质0.10 米²，再生稻头季和一季杂交稻准备育秧基质 0.09 米²。使用前将基质倒袋，使其蓬松破碎，适量淋水搅拌，以手轻握成团，指间有水且不滴水为准。

（3）软盘播种

确定播栽期：一般早稻移栽期在气温 20 ℃左右为宜，中稻移栽期主要看前茬让茬期，双晚移栽期要看品种播始历期和安全齐穗期。如果早稻让茬较晚，晚稻品种的播始历期较长，则不宜采用机插。如我国双季稻北缘地区的双晚安全齐穗期籼稻在 9 月 10 日左右，粳稻在 9 月 20 日左右，如果于 7 月 25 日左右移栽双晚，则在 7 月 5 日左右播种育苗，晚籼稻的播始历期应为 65 天左右，晚粳稻的播始历期为 75 天左右，超过此期限的不宜采用机插，以免遭受寒露的危害。适宜栽期确定以后，采用小苗移栽，则播种期相应提前 15~20 天；采用中苗移栽，则播种期相应提前25天左右。一般早稻在 4 月 10 日左右播种，中稻在 5 月 15 日—25 日播种，双晚在 7 月 5 日左右播种。

软盘准备：一般早、晚稻栽插较密，中、单晚栽插较稀；常规稻栽插较密，杂交稻栽插较稀；籼稻栽插较稀，粳稻栽插较密。早、晚稻每亩栽 2.5万穴左右，中、单晚每亩栽 1.6 万穴以上。据此，杂交中籼每亩需软盘 16 个左右，中粳稻每亩需软盘 20 个左右，双季早、晚稻每亩需软盘 30 个左右。

秧床选择与整做：供育秧的秧床应选择排灌方便、土壤肥沃、光照良好、距离栽培大田较近、方便运秧的地块做秧床。育秧前精整细耙，做成畦宽 1.4 米左右，沟宽 0.4 米，沟深 0.2 米的秧板，畦面平整、沉实，秧田四周开围沟，并根据田块的长短开 1~3 条中沟，确保排灌通畅。

摆盘铺土：在秧板畦面上横排两行或竖排四行软盘，依次平摆，要求盘与盘紧密连接，摆盘后稍加压迫，使盘底与床面密合，再在盘内铺撒准备好的苗床土，并刮平，土层厚度为 2~2.5 厘米，土层要厚薄均匀、平整。

浇水消毒：播种前一天，沟灌湿润秧板及床土，结合播种前浇水，用敌克松液消毒。使用方法是，在播种前每平方米秧床用 65%~75%敌克松粉剂 2.5~3 克，对 800~1 000 倍水搅匀，用喷壶将药液均匀喷洒在苗床上。如果床土较干，应先喷水使床土湿润后，再喷敌克松药液，喷药后再喷少量清水使药液下渗。注意，敌克松见光容易分解，最好在早晨或傍晚弱光时喷药。

播种：一般一季杂交中籼稻，每亩需 1.2 千克左右种子，每盘播90~100 克破胸露白芽谷；一季中粳，每亩需 2 000 克左右种子，每盘播 120~130克破胸露白芽谷；双季早、晚稻，每季每亩需3 500 克左右种子，每盘播 150 克左右破胸露白芽谷。先播 70%的种子，剩下 30%的种子补缺补稀，力求每盘内播种密度均匀一致，以减少机插时造成的断垄缺株率。

盖种：播种后，在种子上盖一层 0.4~0.5 厘米厚的基质，以不见芽谷为准。

盖膜铺草：覆土后每隔 0.5 米放几根麦秸或稻草，预防地膜与床土粘贴，盖上地膜，将膜四周封严封实。中、晚稻育苗，可在膜上铺盖稻草遮阳防高温烧苗，盖草不宜太厚，薄薄一层，以少量光线仍可透入苗床为宜。

3.机插秧的育苗管理

机插秧的育苗管理主要是控制好温度水肥和防治病虫害。

(1)控温炼苗

播种盖膜后要注意控温出苗，温度宜在 30 ℃左右，超过 32 ℃要注意盖草遮阳防高温烧苗。一般齐苗后，即不完全叶和第 1 叶抽出时，要揭膜炼苗，使秧苗适应自然环境。揭膜时应注意，要在寒流过后气温较稳定时揭。若最低气温低于 12 ℃时，要推迟揭膜时间；最低气温超过 12 ℃，一般晴天于傍晚揭膜，阴天在上午揭膜，遇小雨在雨前揭膜，遇大雨在雨后揭膜。揭膜后让其经受自然环境的锻炼。

(2)水分管理

揭膜后要立即浇水，保持湿润，防止蒸发过快而出现青枯死苗。也可灌平沟水，使土壤表层湿润，但注意不要让水淹没畦面，润湿后排除多余水分。之后视秧苗生长情况确定是否补水，一般当床土发白、中午少数心叶出现卷叶时即为缺水，应立即补水，可采取喷水或沟灌补水。移栽前 5天左右，排水炼苗，促进根系盘结，便于卷秧和机插。

(3)适时追肥

机插秧由于育秧时间短，对于已培肥的苗床，一般不再追肥；对于未经培肥的苗床，一般在秧苗一叶一心期追施一次断乳肥，每盘追施 2 克尿素或每平方米追施 12 克尿素，先对 1 000 倍水喷施，喷后立即用清水洗苗，以防烧苗。移栽前 3~5 天，追施一次送嫁肥，每盘追施 2 克尿素或每平方米追施 10 克尿素，追施方法同上。注意不宜施送嫁肥后过长时间移栽，以免秧苗吸肥后长出柔嫩的新叶才移栽，这样的秧苗容易因日晒而焦死。

（4）病虫害防治

苗期应根据季节的不同和病虫害发生情况，做好稻瘟病、纹枯病、恶苗病、稻蓟马、稻飞虱、螟虫等病虫害防治，病虫害防治方法参见本书有关章节。

（5）带药移栽

机插秧由于秧苗苗体小，茎叶较嫩，易受稻蓟马、稻飞虱、螟虫等害虫危害，影响大田生长和发棵，宜在移栽前 1~2 天喷药预防，每平方米苗床用 0.05 毫升 2.5%快杀灵乳油和 0.05 毫升锐劲特乳油对水 75 毫升喷雾，能预防大田苗前期虫害。

二 机插秧工厂化育苗技术

机插秧的工厂化育苗，是应用一种播种作业流水线装置播种，播种后将育秧盘放到温室里加温出苗，出苗后进行绿化和炼苗等作业，从而育成符合机插条件的壮秧。该育苗方法适宜大面积机插采用。

1.流水线播种的作用

使用一种能同时进行供给育秧盘、铺床土、床土刮平、浇水、播种和盖土作业的高效率装置，称作流水线播种。

2.温室出芽

把播种后的育秧盘一只只堆叠起来放进温室，或将育秧盘放在温室里的一层层的秧架上，将秧架四周用黑布遮起来，或用其他覆盖物盖起来，不让透光，温度控制在 30~32 ℃，当出芽长度为 1 厘米左右时，进行绿化处理。

3.绿化

将堆叠的育秧盘排开，放在温室或露天场地上，在育秧盘上盖上草帘或寒冷纱，光照强度控制在 1 000~2 000 勒克斯为宜。如果立即放置在强光下，易产生白化苗，应把自然光部分地遮挡起来，防止强光照射。如果育秧盘放在秧架上，则除去秧架外面的覆盖物，直接进行绿化。直接在温室绿化的，要特别注意防止秧苗徒长。绿化天数一般为 2~3 天，要严格控制好温度，绿化的适宜温度白天为 20~25 ℃，夜间为 15~20 ℃。因为幼苗绿化期几乎不进行光合作用，只进行呼吸作用，呼吸量随着温度升高而增大，因此高温下引起的呼吸消耗会增大，同时苗高会增加，容易形成徒长秧苗。另外要注意浇水，床土不宜过干，也不宜过湿。

4.炼苗

在保温条件下育出的秧苗比较弱，对外界环境条件的抵抗力弱，炼苗就是对温室里育出的秧苗给予一定的温光处理，让其能逐渐适应外界自然环境而正常生长发育。炼苗时要给予充分的光照，温度保持在 12 ℃以上，最高温度低于 30 ℃。要特别注意的是，最低温度不能低于10 ℃，早春和寒地一定要想法控制低温。炼苗期间，育秧盘放在旱秧田时，要每天浇水 1~2 次，盘育秧容易发生病害，要加强防治工作。

5.塑料大棚育秧

将流水线播种的育秧盘放入塑料大棚的苗床上，按前述旱育秧要求育苗，简单易行。

三 机插大田栽插前准备工作

1.机插大田的准备

(1)大田耕整

耕地时期宜早，冬闲田尽量在秋冬季进行，以便土壤冻融风化，机插前 5~7 天再旋耕一次，进行耥耙。前茬作物(小麦、油菜等)全量秸秆还田，干整后上水耥平，也可先上水浸泡后耕耙耥平。耕整后的大田要田面平整，整块田面高低相差在 3 厘米以内，大田泥土上细下粗，沉实不烂，田表无残茬、秸秆、杂草等，大田土壤比手插秧要坚实一些为好。插秧时不陷机不壅泥，为此进行耥耙的时间要根据土质提前几天，一般沙土田沉实 12~24 小时，沙壤土 1~1.5 天，壤土和黏壤土 2~3 天。最后一次耥耙，其方向最好与插秧方向成直角，耙完后用粗圆木或梯子在田里拖一遍，使田面平整。

（2）施肥

基肥应在耕翻前施下，详细情况后面专述。

（3）灌水

一般插秧时保持水深为 1~2 厘米。

（4）化学除草

对稗草、牛毛草等杂草，可结合耥耙整平作业，每亩用 60%丁草胺乳油 120 毫升，对 7~8 倍水甩洒在田面封备除草，过 3~5 天再插秧。

2.机插前的秧苗准备

（1）水分控制

栽插时育秧盘中的土壤不宜过干也不宜过湿，以手指按压床土底部出现浅指印为宜。旱秧田育秧，栽前 1~2 天要浇透水。半干半湿秧田育秧要注意提前排水晾田。

（2）带药带肥下田

移栽前 3~5 天，追施一次送嫁肥，每盘追施 2 克尿素或每平方米追施 10 克尿素；移栽前 1~2 天喷药预防，每平方米苗床用 0.05 毫升 2.5%快杀灵乳油和 0.05 克 10%吡虫啉可湿性粉剂对水 50 毫升喷雾，能预防大田苗前期虫害。

（3）起秧与切根

由于根系伸出育秧盘不长，育秧盘容易取出。先连盘带秧一起取出，慢慢拉断盘底少量根系，再放平，然后小心卷起秧块，去掉育秧盘，注意不能使秧块变形或断裂。

（4）运秧

运秧的原则是尽量减少秧块搬运次数，保证秧块规格符合机插标准，防止枯萎，做到随起随运随栽。软盘秧可连盘装运到待栽田块，也可起盘卷起盘内秧块，叠放在运秧车上，一般以堆放2~3 层为宜。运到田头及时卸下放平，让秧苗自然舒展，便于安放到插秧机上顺利机插。搬运大批秧苗时，要用秧架之类的集装设备，搬运时要低速走，在气温低时运秧苗或插秧时正遇下雨，要用塑料薄膜盖好，防止冷风直吹到秧苗上或秧苗过湿。

3.插秧机作业前的调整与准备工作

（1）加油和注润滑油

检查油箱是否加上汽油或柴油，活动踏板、秧箱支持臂、运秧器轴是否加黄油，发动机曲轴箱、齿轮箱、插秧臂、各个支点和连接部分是否注入机油。

（2）检查部件

检查插秧臂、插秧爪、导轨、转向离合器、发动机皮带、各操纵连接的钢线绳等是否符合正常工作要求，不符合要求应及时调整好。

（3）调整地轮间距

当机体行走左右摇晃严重时，增大两地轮间距离，使机体行走平稳。如需要缩小行距时，可减小两地轮之间的距离，使邻近行距与机械行距平均距减小。相邻行距的调节 ，只要改变划行器伸出的长度即可，划行器的刻度一般有 28 厘米、30 厘米和 33 厘米。

（4）株距调整

不同机型有不同的调节范围，有两级、三级和四级调节数种。两级调节的有 13 厘米、15 厘米或 14 厘米、16 厘米或 12.5 厘米、14 厘米组合，三级调节的有 11.7 厘米、13.1 厘米、14.7 厘米或13 厘米、15 厘米、18 厘米的组合，四级调节有 12 厘米、13 厘米、16 厘米、18 厘米或 12 厘米、14 厘米、16 厘米、19 厘米的组合，各地应根据当地的主要栽插株距要求来选择合适的机型并加以调整。

（5）栽插株数的调节

栽插株数即指每穴内栽插的秧苗数，需根据秧盘的播种出苗密度对秧爪的取秧量加以调节。每次抓取的秧块一般呈长方形，苗块的宽度是由秧箱的横向送秧速度决定的，秧块的长度是由秧爪伸入秧行的距离决定的。调节秧爪位置，可调节取秧量规，插小苗调节小些，插中苗调节大些。总之，秧爪取秧量的调节要依不同机型而定，以便尽量符合预定农艺要求的穴苗数为宜。

(6)插秧深度调节

插秧深度通常用插秧深度手柄来调整，共有四个挡位，其中①为最浅位置，④为最深位置，根据大田情况和秧苗大小来确定。插秧深度为秧块土的上表面到田表面的距离，如果秧块土的上表面和大田表面相平或略高于大田表面，插秧深度表示为“0”，插秧深度一般为0.5~1.0厘米，不宜过深或过浅。

四 机插秧大田作业

1.机插秧的作业质量要求

(1)插秧机作业原则是行直、苗正、苗足、苗匀、行距一致、不压苗、不漏苗。

(2)浅插，栽插深度控制在1.5厘米以内，在不倒苗不浮苗的情况下越浅越好。

(3)栽插密度要符合当地当季水稻生产的要求，要插足穴数，插匀株数。

(4)机插秧作业指标：漏插率≤5%，伤秧率≤5%，相对均匀度合格率>85%。当大田中秧苗缺株(穴)率≥5%时，要及时进行人工补苗。

2.机插秧安全作业注意事项

(1)进水田，跨沟过埂时，插秧机应提升，慢速行驶，防止插秧机翻倒。

(2)作业过程中，注意不要随便接触各个转动部分，特别是在清除秧爪和秧门口上散乱秧苗或调整皮带时要更加小心，最好是停机处理。

(3)插秧机前进、后退、转弯时，一定要看清周围是否有人，及时示警，确保安全。田间转弯时，停止栽插部件工作，并提升栽插部件。

(4)变换速度或添秧时，一定要切离总离合器和插秧离合器，降低发动机转速再换挡或添秧。

(5)插秧机在田间只可在提升状态下短距离倒车，防止因陷脚而造成人员受伤。

(6)插秧机在土壤过深过黏的田里作业困难时,要断开插秧离合器手柄,采取有效措施驶离田块,注意不要推拉导轨、秧箱等薄弱部件,以免损伤插秧机。

3.装秧

首次装秧时,将秧箱移到最左或最右侧装秧,当作业中秧箱有一行无秧苗时,将其他各行余秧取出,重新装上秧苗。秧块放在秧箱上要平展,底部紧贴秧箱,使秧苗能在秧箱上滑动,而不应上下跳动。秧苗不到补给位置线之前就应补给,补给秧苗端面要与剩余秧苗端面对齐。当补给秧块超出秧箱时,可把秧箱延伸板拉出,取苗时把苗盘一侧苗提起,同时插入取秧板。

4.插秧运行

确认加上汽油、机油后,将燃油旋阀放在"ON"位置上,节气门拉到最大位置,油门手柄放在1/2位置上。拉反冲式启动器,启动后,将节气门手柄推回原位。再把液压操作手柄往下拨,使机体下降。把变速杆拨到"插秧"位置,主离合器手柄拨到"连接"上,油门手柄慢慢地向内侧摆动,插秧机在稻田里边插秧边前进。当插秧机每次直行一行作业结束后,把插秧离合器"断开",降低发动机转速,把液压操作手柄拨到"上升"位置使机体提升。此时旋转一侧离合器扭动机体,注意使浮板不压表土而轻轻旋转并及时折回、伸开划印器。划印器所划出的线是下次插秧一侧的机体中心,转行插秧时中间标杆要对准划印器划出的线。插秧时把侧浮板前上方的侧对行器对准已插好的秧苗行,并调整好行距。

5.插秧机行走路线

开始插秧前,根据田块形状,考虑一下插秧机行走路线,确保插遍全田,减少漏插,不重插。以6行插秧机为例,插秧时先在田埂四周留6行宽余地,沿田的较直较长的一边开始栽插,按图4-1所示路线行走作业。或第一行直接靠田埂栽插,其他三边田埂留6行或12行余地,按图4-2方案路线行走作业。遇到不规则形状田块,要在最后第二趟作业时,根据需要,停止1行或数行插秧工作,保证最后一趟满幅工作。

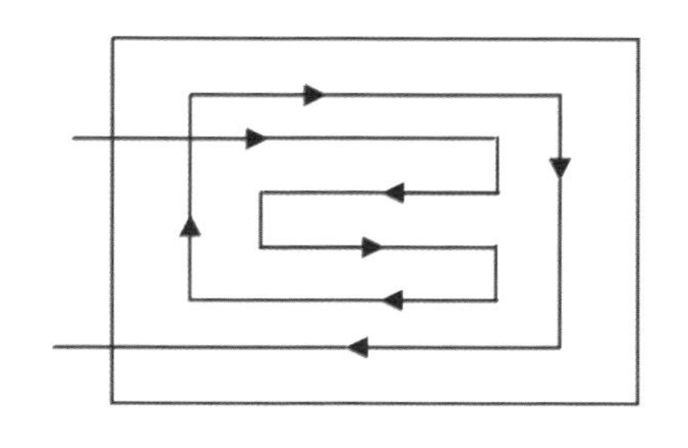

图 4-1　插秧机行走线路示意图(1)

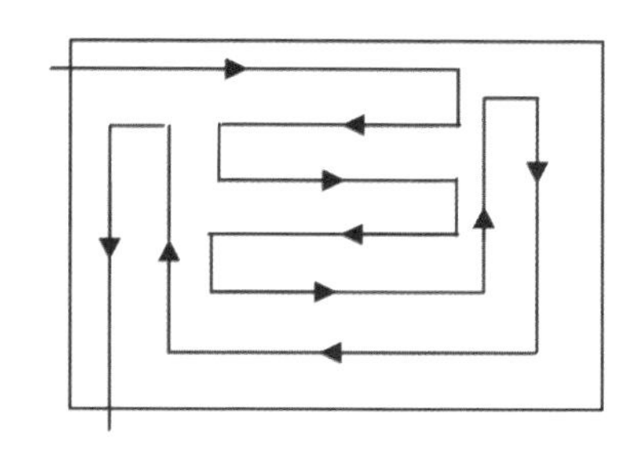

图 4-2　插秧机行走线路示意图(2)

6.机插秧缺棵多的原因及解决办法

机插秧缺棵多有三方面原因,即秧苗条件不良、本田条件不良和插秧机调整不良。

(1)秧苗条件不良

秧苗条件不良有播种发芽不均匀、播种量过少,秧块的幅宽过大、过窄,秧块活动不良。解决的办法是换秧苗,幅度过大的将秧块横过来在地上顿顿或用刀切去,活动不良的将秧块用水浸一下。

(2)本田条件不良

本田条件不良的有水面秸秆等杂物过多、田面浸水不足和田面过硬。解决办法是清除水面秸秆等杂物,灌水 1~2 厘米,田面过硬要重新耥耙一次。

(3)插秧机调整不良

插秧机调整不良有秧爪不良、栽插深度不适宜、横向或纵向送秧不合适。解决办法是:秧爪取秧量太少的要加大取秧量的调整;秧爪磨损的要换上新秧爪;秧爪上附有以前插秧的硬泥块、卡有异物或卡有秧苗、泥块、沙粒等物要清除杂物,清洗秧爪;秧爪不转动的要调整插秧杆的钢丝绳。秧门口变形或有异物的要清除秧门口,修整或更换备件。插秧部分经常停止的,在清除异物仍无效果时,将调节螺钉拧紧 1~2 周。栽插深度过大时易发生缺棵,要将插深调节杆调浅些。横向送秧不当的要修正横向送秧排档;纵向送秧不当的分几种情况,纵向送秧轮缠上秧根等物要及时清除。秧箱滑送不良,在秧箱上洒点水。秧块过宽,纵向送不下来,把秧块重新装盘横顿几下,使秧块幅度达 28 厘米。装秧时秧箱未移至侧端的,要将秧箱移至一端再装上秧。

7.机插秧秧苗散乱、漂浮解决办法

出现秧苗散乱、漂浮，有秧苗本身、本田条件和机械调整不当等多种原因。

秧苗徒长要减慢插秧速度；床土黏性过小要用黏性适中的土壤做床土，秧苗床土过干的要加些水，秧苗床土水分过多的要吹吹干；秧苗根系伸展不良的要小心装运秧；秧块从秧箱中窜出，要取出秧块，横向顿几次再小心装入。新添的秧苗与原有的秧苗不密合，要注意小心装秧，使秧块连接紧密。田面过烂，要排水晾田，使土壤板结点，并慢速栽插；田面过硬，要精心耕耙。导板下拥集秸秆杂草等物要及时清除。田水过深时要排去，保持 1~2 厘米水层。取秧时过少要调大秧爪抓秧量。秧爪磨损时要更换秧爪。推秧器未能完全推到底（筷式爪），要换掉相应的凸轮或压杆。秧爪间张开过大（筷式爪），要修整秧爪的开度。秧爪弯曲的要将其校直。地轮上下调整不当，要调整地轮的深浅，使浮筒不致拥土。栽插时浮筒后部浮离田面，要调节到紧贴田面。栽插太浅或太深，要调节插深杆，改变栽插深度。

五 机插秧的大田管理

1.机插秧的生育特性

由于机插秧是小苗栽插的，形成与大苗秧不同的生育特性，生产上要针对机插秧的生育特点进行栽培管理。

（1）活棵与最低温度

一般要求超过 15 ℃移栽，能促进活棵与生长，13 ℃以下生育缓慢。活棵多少与叶龄有关，叶龄愈小，愈耐低温。

（2）分蘖动态变化规律

机插小苗，生育初期茎蘖数增加缓慢，以后增速加快，最终茎蘖数反比大苗栽插多。但其又具有无效分蘖多、成穗率低的特征。

（3）秧叶面积的变化

通常抽穗期小苗秧出现叶面积指数过高现象。

（4）根系生长情况

机插秧的根重与地上部分重量的比值大于大苗秧，小苗秧的根系分布在土壤表层，大部分根系分布在地表至5厘米土层内。

（5）出叶和抽穗期特点

机插秧在大田出生的叶片数多，在出叶转换期以前的叶位上，各个叶片抽出所需的天数比大苗少。由于小苗在大田期要比大苗秧多长2~3片叶，因而同时栽活的小苗秧比大苗秧抽穗期推迟。寒冷地区和双季稻北缘地区的双季双稻机插时要考虑安全抽穗问题，以免造成不必要的损失。

（6）穗颖花数和结实率的特征

机插秧每穗颖花数比大苗秧少，而每平方米的穗数却比大苗多，结实率一般比大苗低。

（7）产量特点

高产条件下，小苗秧不如大苗秧产量高，可能与小苗秧分蘖过多，生长过于茂盛，成穗率降低，生育后期下部叶片大量枯萎，根系分布较浅等因素有关。

2.机插秧水稻高产栽培的适宜基本苗

通常做法是常规稻比杂交稻基本苗多些，双季早、晚稻比一季中、单晚稻基本苗多些，土壤肥力低的田基本苗要多插些。

一季稻在插秧机行距固定在30厘米的条件下，可因品种、茬口等不同，相应调节株距（12~16厘米）；早稻和常规品种最好选择行距为25厘米的插秧机。常规早稻每穴控制在3~6株，杂交稻控制在1~3株。通常每亩常规稻早、晚稻基本苗为6.5万~10万，杂交早、晚稻的基本苗为5.5万~6.5万，株距调节到12厘米左右，常规稻每穴栽4~5株，杂交稻每穴栽3~4株；每亩中、单晚常规稻基本苗为4.0万~5.5万，杂交籼稻基本苗为3.0万~3.5万，株距调节到15厘米左右，那么中、单晚常规稻每穴栽3~4株，杂交中籼每穴栽2~3株。

3.机插秧的水分管理

总体目标是防僵苗促早发，控制高峰苗，后期防早衰。一般机插前要沉淀泥浆，薄皮水栽秧，栽后薄水（0.5~1.5厘米）护苗，5~7天轻晾露田，促扎根立苗，浅水湿润间歇灌溉促早发；提前搁田（杂交中籼稻达到目标成穗数的75%~80%,常规品种达到目标成穗数的80%~90%),分次轻搁田,由轻渐重,控制高峰苗为目标成穗数的1.3~1.5倍;后期以湿润间歇灌溉为主,成熟前7天左右断水,活熟到老。

4.机插秧本田施肥技术

生产上多采用施足基肥、少施或不施促蘖肥、多施穗肥的施肥办法来满足其生长发育的需要，同时为了防止机插秧生长过量导致早衰、倒伏等不良现象出现,常又采用增施有机肥和氮、磷、钾肥平衡施用的办法,以提高产量。一般每亩一季中、单晚稻施氮肥15~18千克,氮、磷、钾的比约为1:0.4:1,有机肥(土杂堆肥)1 000~1500千克。有机肥和磷肥全做基肥,钾肥基施40%,拔节时和抽穗前18天各追30%。化学氮肥一般基肥每亩施5~6千克纯氮;分蘖肥后移至栽后35天(抽穗前45天)左右施,每亩施纯氮4千克左右;约在抽穗前35天,每亩施2 000克纯氮;抽穗前20天左右,每亩施3~4千克纯氮。粒肥对水稻高产有一定的作用,但因品种而异。对灌浆时间长的大穗型品种,叶色变淡的每亩可施1 500~2 000克纯氮;对小穗型品种可免施,或叶面喷施尿素和磷酸二氢钾混合液,提高结实率和千粒重。齐穗后追肥会使叶片氮含量增高,影响碳水化合物向穗部流动。

5.水稻机插侧深施肥技术

水稻机插侧深施肥是通过加装侧深施肥装置、选用专用肥料,实现农机农艺融合的一项新技术,可在水稻机械插秧时同步将颗粒状肥料定位、定量、均匀地施于秧苗侧3~5厘米处,施肥深度4~5厘米,达到节肥、省工、增产和减少农业面源污染的目的。

(1)选用适宜机型

适宜机型有东洋2ZGQ-8A(PRO80)侧深施肥插秧机、久保田2ZGQ-6D1(2FH-1.8AFSPV6)多功能乘坐式插秧机、洋马YR60DZF(2FC-6)型高速乘坐式水稻侧深施肥插秧机等。

(2)选择适宜肥料品种

选用氮磷钾比例合理、粒型整齐、相对密度一致、硬度适中、粒径为2~5毫米的圆粒型,手捏不碎、吸湿少、不粘、不结块的缓(控)释肥料或配方肥。

(3)确定适宜肥料用量

按常规施肥减量15%~20%确定施肥量,建议缓(控)释肥料亩用量35~45千克。选用配方肥做基肥+追肥模式,建议亩用量配方肥30~40千克,穗肥追施尿素3~5千克、钾肥2~3千克或配方肥10~15千克。

(4)提高整地质量

秸秆全量粉碎还田的,旋耕埋茬深度15厘米以上,犁耕深度不小于20厘米;精细平整土壤,不过分水耙,耕整后要泥浆沉降,以指划沟缓缓合拢为标准。栽插前应达到田面平整,田面高差不大于5厘米,表土软硬适中、上细下粗,泥脚深度≤25厘米,残茬漂浮率≤5%,水层深度1~3厘米。

(5)提高作业质量

在侧深施肥过程中,机械的使用和操作同样至关重要。作业时要按照推荐的合理施肥用量,调节调整好排肥量挡位,匀速前进,避免伤苗、缺株、倒苗和肥料施入不均匀,并严防排肥口堵塞。作业完毕要排空肥料箱及施肥管道中的肥料,以备下次加入新肥料再作业。

6.病虫害防治

防控重点对象是纹枯病、稻瘟病、稻曲病以及稻飞虱、稻纵卷叶螟、稻蓟马等,防治方法同一般生产大田。可根据当地植保部门的预测预报和防治指导意见,使用高效率植保机械防治,提倡统防统治和绿色防控。防治叶面病虫,可采用植保无人机低容量喷雾;防治中下部病虫,则采用自走式喷杆喷雾机、喷枪喷雾机等斜切喷雾。

第四节 水稻直播高产栽培技术

水稻直播就是不进行育秧、移栽而直接将种子播于大田的一种栽培方式,可节省大量劳力,缓解劳力季节性紧张的矛盾,有利于实现水稻生产轻简化、专业化、规模化。但与移栽水稻相比,直播水稻存在着全苗难、草害重、易倒伏三大难题。因此,在生产上应综合运用全苗早发、除草防害、健壮栽培防早衰防倒伏等技术措施。部分地区可根据实际生产情况，推广应用机械直播技术。

一 直播稻的类型

根据整地与土壤水分可分为水直播、旱直播和旱种三大类型。

1.水直播

旱整水平或水整水平，在浅水或湿润状态下直接播种。优点：整地省工，容易整平，耕层土壤松软，灌水层稳定，田面常有水层覆盖，抑制杂草滋生，草害较轻。

2.旱直播

旱整地旱播种，播后灌水，待种子发芽发根，再排水落干，促进扎根立苗。优点：可提高机械效率，提高劳动生产率，整地播种作业不受灌水限制，不违农时。缺点：田面不易整平，播种深浅不一，出苗不齐，易发生缺苗断垄，土壤渗漏量大，杂草较多。

3.旱种

也是旱直播的一种，区别是播种较深，播深 3 厘米左右，播后不灌水，靠底墒发芽、扎根、出苗，出苗后经过一段时间旱长才开始灌水。优点：节省灌溉水，一般至 4~6 叶才灌水，有较高的出苗率、成苗率，根系发达，耐旱力强，抗倒伏力强，土壤通透性好，根系活力保持时间长，后期生长清秀，有利于灌浆结实。缺点：整地费工，整地质量要求高，黏重土整地难度更大，缺苗断垄严重，化学除草效果降低；渗漏量大，不易建立水层；杂草繁多，除草难度大。旱长期间秧苗发育迟缓，生长期延长。旱种有平播和套播两种方式。

二 直播稻的生育特点

1.水直播与旱直播

(1)发芽与出苗

水(旱)直播，播种后种子处于灌水层下，氧气不足，出现芽长根短现象，不利扎根立苗，要及时排水和晾田。

(2)分蘖与成穗

分蘖节位低、分蘖多,但成穗低,其分蘖多为第二至第六节位,而移栽稻为第四至第八节位。

(3)根、茎、叶生长

播种浅、发根短,横向纵向伸展的根系比移栽稻多,根系多分布在浅层,前期生长过旺,中后期易早衰。前期株高生长较快,到分蘖盛期,分蘖迅速增加,株高生长转缓,到成熟期,株高一般矮于移栽稻。主茎第一节间明显增长,是易倒伏的又一重要因素,叶子生长前期旺盛,后期缓慢。

(4)生育期与产量构成

水直播稻全生育期比旱直播稻短10天左右,本田生长期长,加上播种晚,故成熟较迟,选用品种时要加以注意。产量构成是每亩穗数多而每穗粒数较少,结实率与千粒重差别不大。

2.旱种

(1)发芽与出苗

无水层,氧气足,水分是发芽也是出苗的限制因素,要保证足够的墒情,适宜75%~95%持水量。

(2)分蘖与成穗

在土壤持水量45%~95%范围内,土壤水分愈少分蘖率愈低,而成穗率愈高。土壤含水量高,二次分蘖多,成穗率降低。

(3)根、茎、叶的生长

旱种的根、分枝多,枝根、毛根和根毛都发达,吸收面积大、吸水力强,具有旱作物根的某些特征。灌水后,旱根死亡多,少数存活的根伸展萌发大量新根,形成水生根系,与水稻无明显差别。后期根系活力高,不易早衰。株高受水分影响大,前期生长慢,灌水后转快,以4~6叶开始灌水的株高最高。出叶速度前期慢,灌水后加快,成熟期主茎叶片无大差别。叶面积前期较大,抽穗后直线下降,对后期光合生产不利。

(4)生育期与产量构成

生育期受旱期水分影响,出穗成熟推迟,延迟灌溉不仅影响根、茎、叶生长,还阻碍幼穗及时分化发育。产量构成特点:每亩穗数多,但每穗粒数少;结实率明显降低。

三 精细整地

整地要求:田面平整,同一块田高低差不超过3厘米;耕层深厚松软;没有裸露于地表的残茬、杂草:每隔3米左右开一排水沟,沟宽20厘米、深15厘米,四周沟宽25厘米、深20厘米,田块较大的还要开1~2条中沟,便于及时排灌。

四 直播稻栽培技术

1.品种选择

选用高产、优质、综合抗性强的水稻良种,生育期偏早熟或中熟,一般双季早稻选用早熟品种,中稻选择中熟品种。

2.播种期与播种量

早稻在4月10日—15日播种,油、麦茬稻应在前茬收割后抢时播种。一般亩播种量:常规早、晚稻播4.0~5.0千克,杂交早、晚稻播2.0~2.5千克;一季常规中稻播2.5~3.5千克,杂交中稻播1.5~2.0千克。

3.播种

播前对种子处理及催芽同移栽稻育秧,催芽长短由播种方式确定。机械直播催至破胸露白;人工水直播,芽可适当催长些。直播稻有水直播和旱直播等种类,水直播有点播、条播和撒播等种类。

(1)点播

早稻按20厘米×10厘米或17厘米×13厘米布点,每穴5~6粒种子(杂交稻2~3粒),一季稻或单晚密度为20厘米×13厘米或25厘米×13厘米,每穴4~5粒种子(杂交稻2~3粒种子)。

(2)条播

多采用机械播种,播种行距40厘米(包括10~20厘米播幅在内),一次播8~13行。

(3)撒播

按播种量标准撒到相应面积的田地里,有人工撒播和飞机撒播等多种。注意排水播种,田面不宜过硬或泥浆过薄,最好在播后能进行踏谷,可防雨水冲淋,提高出苗率和均匀度。

旱直播有浅覆土播种和种子附泥播种法,最好采用机条播,也可人工条播、点播或撒播。浅覆土播种,控制播种深度在1.5厘米左右,播后采用湿润灌溉。种子附泥播种,播种前将种子浸湿拌细土,使谷壳附着一层薄薄的泥土,待阴干后用播种机将种子播在地表,播后灌水。待立针期落干晾田,以利扎根,促进生长发育。

旱种分为条播或点播,只浸种不催芽或不浸种,播深3厘米左右,播后灌满沟水,遇雨表土板结,可浅耙破除。

4.查苗补苗

在秧苗3~5叶时对全田进行检查,移稠补稀,达到苗全、匀、齐、壮。

5.直播稻的水分管理

(1)水直播或附泥旱直播

种子未催芽的,播种后必须建立浅水层,以满足种子萌发出苗对水分的要求,并且有保温、防鸟和防太阳暴晒等作用。稻种出苗后适时排水晾田,促进扎根立苗。待田面出现小裂缝时,再灌跑马水,保持田土湿润。四叶期后开始灌浅水促进分蘖。

(2)种子催芽水直播或浅覆土旱直播

播后只要保持土壤湿润,能满足发芽对水分的需求,就不要淹灌,以免供氧不足而造成烂种烂芽。

(3)旱种

旱种稻播种较深,主要靠土壤墒情发芽出苗,以田间最大持水量的70%以上为宜。如果墒情不足,要在播种前灌好底墒水,播种后不宜灌水,以免造成土壤板结而影响出苗。沙土地在播后灌水,也要注意适量,洼处不应有积水。4~6叶期是旱种稻的初灌适期。生育期短的品种或种植地区,初灌期可适当提早;生育期较长但水源紧张的地区,可延迟到6叶期灌水。

直播稻浅水灌溉促分蘖,当分蘖达目标茎蘖数的80%~90%时及时晒田,防止过多分蘖而使成穗率下降。直播稻的根系分布浅,晒田不宜重晒,并要在幼穗分化前完成,以免影响穗发育。

6.直播稻的施肥技术

直播稻具有分蘖节位低、分蘖早、根系发达、根层浅、分蘖高峰期出现早且下降快、成穗率较低、穗数多而每穗粒数少等生育特点,需从提高成穗率和增加穗粒数入手来获取更高产量。栽培上必须掌握好施肥技术,通过肥水调节,促进根系深扎,巩固分蘖,提高成穗率,增加穗粒数,从而获得高产。

(1)施足基肥,且氮、磷、钾肥配合施用,缺锌的稻田要加施锌肥

基肥以有机肥为主,如果有机肥不足,也可以化学氮肥为主。基肥中氮肥占总氮量的一半,磷肥全作为基肥,钾肥占用量的70%。一般每亩施有机肥 1 000 千克左右,碳铵 25~30 千克或尿素 10 千克,过磷酸钙25~30千克,氯化钾 6~17 千克。缺锌田块隔 1~2 年施用 1 次硫酸锌,每次施 2 000 克/亩。所有的氮、磷、钾、锌化肥应该加少量有机肥充分混匀后施用,实行全层施肥,随施随耕翻整地。

(2)“早施蘖肥、巧施穗肥”的原则

分蘖肥一般分两次施用,第一次施促蘖肥,在四叶期左右每亩施4~5千克尿素。第二次施保蘖肥,在第一次追肥后 7~10 天施用,每亩施尿素5千克。促蘖肥早施促进早分蘖,发挥低位蘖穗大优势。施好保蘖肥保证早生分蘖不致脱肥死亡而顺利成穗,又不使无效分蘖过多而降低成穗率。

(3)适时施穗肥

对土壤肥力较低、前期生长量不足的田块,可在出穗前 25 天(早稻)至 30 天(中稻)每亩施尿素 4 千克左右,以促进颖花分化,增加颖花数量。并配合施 3~4 千克/亩氯化钾,同时也起到壮秆作用。隔 7~10 天,每亩再追施 5 千克左右尿素做保花肥,可以增加实粒数和千粒重。对土壤肥力较高、前期生长较旺的田块,不施促花肥,而重施保花肥,以达到保花增粒增重的目的。

7.直播稻的杂草防除技术

直播稻田的杂草与稻同时萌发生长,杂草危害远比移栽稻严重。能否经济有效又安全地防除杂草是直播稻种植成功与否的技术关键。危

害直播稻最严重的杂草有稗草、三棱草、眼子菜、牛毛草、野慈姑、泽泻和莎草等。

（1）播种前先诱发杂草

在杂草出土后进行耙地灭草，可消除70%以上杂草。当旱种稻苗将要出土时，杂草种子多已发芽出土，利用除草耙耙除杂草，效果也在70%左右，同时兼有破除表层土壤板结、提高出苗率的作用。实行水旱轮作，也可减少杂草。

（2）免耕直播

可在前茬收割后喷洒百草枯，以每亩喷20%百草枯水剂200~300毫升为宜，喷后2~3天播种，可有效防除田间杂草和落谷苗。

（3）耕翻直播

播种前土壤处理因直播方法不同而分成灌水处理和旱处理两种。

灌水处理：就是在稻田整平后灌3厘米深水层，之后喷丁草胺或灭草王等，每亩用60%丁草胺乳油120毫升，对10倍左右水，在最后一次耙平时甩洒在水面上，借耙平作业使丁草胺均匀分散于整个田块。施后保水5~7天，然后再排水播种。

旱处理：在田整平后直接喷施除草剂，可喷禾草丹或丁草胺，以喷禾草丹加草枯醚效果较好，每亩用50%禾草丹乳油150毫升和25%草枯醚可湿性粉剂400克对水50千克均匀喷洒，施后3~5天再播种。

对在播种前未能及时施除草剂或除草效果不好的田块，可在出苗后结合灌水施肥，拌肥施用除草剂。苗期施用除草剂，要选用不影响秧苗或影响较小、比较安全的除草剂，如用敌稗、杀草丹、禾大壮、丁草胺等。也要根据田间杂草种类选择杀灭力强的除草剂或配方。对以稗草为主的田块，每亩可用50%快杀稗可湿性粉剂25克对水50千克喷雾；也可采用毒土法，施药后保持3~5厘米水层7天左右。对杂草比较多、种类差异大的田块，可采用两种或两种以上的除草剂混合施用。例如每亩用50%二氯喹啉酸（快杀稗）可湿性粉剂25~30克与10%苄嘧磺隆（农得时）可湿性粉剂15~25克混合，采用喷雾或毒土法施用均可，可杀灭稗草、水生阔叶草和莎草类混生杂草。

第五节　水稻抛秧高产栽培技术

水稻抛秧种植是利用塑料育秧盘培育出根部带有营养土块的水稻秧苗，通过抛、丢的方式移栽到大田的栽培技术。近年来，随着农业机械化的快速发展，水稻机械抛栽技术有一定的发展。

一　水稻抛秧栽培的主要优点

水稻抛秧栽培具有延长水稻生长季节，利用更多的光热资源，缓解前后茬作物的生长季节矛盾等优点。生产上能够节省50%以上的秧田，产量提高5%以上，具有较好的经济社会效益。

二　水稻抛栽的生育特点

1.水稻抛栽的生育优势

（1）前期分蘖早、分蘖多，表现出较强的生长优势

一般抛秧的分蘖始期比同期手工栽插秧要早2~4天，在基本苗相同情况下，抛秧的分蘖数比手工栽插的增加10%~15%。

（2）中期叶层垂直分布相对比较匀称，表现出群体光合生产率高的优势

中期苗高峰，群体叶面积大，叶面积指数比移栽稻高10%左右，并且垂直分布较合理，形成中间层叶面积大，上下层叶面积小的一种“卵形”叶层分布，从而改善了群体通风透光的条件。

（3）后期单位面积的穗数及总粒数较多，群体光合层厚、源库强大，表现出旺盛的生产能力和多穗增产的优势

因为抛栽的水稻分蘖早而旺，群体密度较大，形成的穗数多，虽然每穗粒数相对减少，但是增穗的幅度大于减粒幅度，所以单位面积总粒数仍然是增多的。据田间对比调查，抛秧稻单位面积有效穗比移栽稻多10%~25%，每穗粒数减少5%~15%。

2.水稻抛栽的生育弱点

(1)分蘖成穗率较低

由于抛秧的分蘖量大,迟出生的高节位分蘖及二、三次分蘖的生长条件较差,营养空间较小,因此成穗率较低。

(2)抗根倒伏能力弱

抛栽稻的发根量大,比手工移栽的多 5%左右,但多集中分布于土壤表层,表土层 0~5 厘米的根量接近 70%,多于手工移栽稻,容易发生根倒伏。

(3)茎蘖穗层高低不齐,群体灌浆结实期较长

由于抛栽稻个体占据的营养空间及营养面积不同,单株分蘖数多少不均,群体分蘖生长发育进度相差较大,植株高度相差也较大,茎蘖穗层的高低不齐,下层穗占的比例较大。抽穗期以株高上层 30 厘米处为界,将稻穗分为上、下两层。移栽稻上层穗占 85%左右,下层穗占 15%左右;而抛栽稻上层穗只占 75%左右,下层穗占 25%左右。由于抛栽稻下层穗的数量多、质量较高,穗重比移栽稻的下层穗重,灌浆结实期相对延长,因此更要注意后期养老稻。

三 水稻抛秧育秧技术

早、中稻采用肥床无盘或软盘旱育秧,双晚采用肥床旱育或半旱式软盘育秧。

1.播种期

早稻3月15日—20日,中稻4月20日至5月10日,双晚6月20日—30日。

2.播种量

(1)早稻

每平方米 75~100 克,每亩用常规种子 3.0~3.5 千克,杂交种1.5~2.0千克。每亩大田需苗床 30~35 平方米,软盘抛秧需用561 孔软盘 70盘或434孔软盘 85 盘。

(2)中稻

每平方米播 30~50 克杂交种, 每亩大田需用苗床 20~25 平方米,需434孔软盘 60 盘或 352 孔软盘 70 盘。

(3)晚稻

常规种每平方米 50 克，杂交种 30 克。每亩用种量常规种 2.0~3.0 千克,杂交种 1.5~2.0 千克,每亩大田需苗床 35~40 米^2,软盘抛秧每亩大田用 434 孔软盘 80 盘或 352 孔软盘 100 盘。

3.秧龄

早稻 40 天左右,4 月 25 日—30 日抛栽;中稻 30~50 天,6 月 5 日—10日抛栽;晚稻 35 天左右,晚籼 7 月 15 日—25 日、晚粳 7 月 20 日—30 日抛栽。

4.种子处理

播种前晒种 1~2 天,用 100 毫克/千克烯效唑液浸种,杂交籼稻间歇浸种 24~36 小时,杂交粳稻和常规稻浸种 36~60 小时(具体浸种时间视气温而定)。不仅可矮化促蘖,还可预防恶苗病等苗期病害。也可用 400倍强氯精药液浸种 12 小时,用清水洗净后再用清水继续浸种,可预防恶苗病。或用石灰水等其他药剂浸种。催芽可采用 45 ℃左右温水淘种,趁热上堆保温 28~30 ℃,破胸露白后摊晾备播。气温较高时可采用日浸夜露法至自然破胸露白。

5.苗床施肥

每平方米施腐熟有机肥 8~10 千克,尿素 20 克,过磷酸钙100 克,硫酸锌 3 克,缺钾田加施氯化钾 40 克,混合均匀过筛,与苗床 3 厘米厚表土混合均匀。

6.防立枯病

播种前每平方米苗床用 70%敌克松粉剂 3 克对水 2.4 千克，在早晨或傍晚时喷施,再喷少量清水使药剂下渗,以利于根系吸收。

7.播种

播种前每平方米浇水 3 000~5 000 克,将畦面 0~15 厘米厚土层浇透,再将种子裹上旱育保姆种衣，按每千克旱育保姆包裹 3 000 克左右种子标准包衣,然后按畦定量均匀播种,可先播 2/3 种子,留1/3 种子补缺补稀,播种后用塑料布包木板镇压,使种子三面入土,然后在上面盖 1 厘米厚的过筛盖种土并浇湿。用禾草丹、禾草敌、丙草胺或苄嘧磺隆对水均匀喷雾,进行杂草防除。再架弓盖膜,保湿保温出苗。

软盘抛秧多一套摆盘装土程序，其他同旱育秧；半旱式软盘抛秧施肥耕翻上水耙平，做成畦宽 1.3 米，沟宽 30 厘米，在畦面上摆盘、压实，装营养土或取沟泥填盘，添满 2/3 即可播种，播种后撒盖种土，除草，出苗后让其旱长，需水时进行沟灌。

8.苗床管理

（1）齐苗后管理

于傍晚将薄膜揭开，浇一次透水，覆膜并将薄膜四周敞开，固定在离地面高 20 厘米的弓架上，中、晚稻可将薄膜揭去。

（2）追肥

二叶一心期、四叶一心期和移栽前 3~5 天各追一次，每平方米用尿素20~25 克对水 2~2.5 千克喷施，喷后立即用清水冲洗一遍。

（3）化控

中稻 40 天、双季晚稻 35 天以上秧龄的，用烯效唑浸种，于四叶一心期每平方米再用 0.25 克多效唑对水 75 克喷苗；对于未用烯效唑浸种的，于秧苗一叶一心期和四叶一心期每平方米分别用 0.25 克多效唑对水 75 克喷苗进行两次化控。

（4）管水

早晨秧苗叶尖不挂水珠、中午叶打卷，表示缺水，需浇透水一次，否则不需浇水。

（5）防治立枯病

1~2 叶期，未用敌克松预防或已发生立枯病的，每平方米用25%甲霜灵粉剂 0.75 克对水 2 000~3 000 克喷洒。

（6）除草

播种时未施除草剂的，可于 1.5~2 叶期，每平方米用 20%敌稗乳油 1.2 毫升加 48%苯达松水剂 0.17 毫升对水 40 克喷洒。

四 水稻抛栽大田生产管理技术

1.选用品种及建立合理的产量群体与目标

参见一季稻和双季稻的品种选用及产量结构与产量目标。

2.整地与抛秧技术

抛秧大田整地质量要求比移栽秧高，抛栽大田要求达到田面平整，高低相差不超过 2 厘米；土壤糊烂有浮泥，田面无残茬、杂草等杂物外露；水薄，以现水现泥为宜，要求干耕晒垡，先施基肥干整，再进行水整。

（1）适时抛栽

乳苗可在 1.5 叶时抛栽，小苗在 3.5 叶左右抛栽，中苗在 4.5 叶左右抛栽，大苗在 5~6 叶甚至 7 叶时抛栽。双季早稻应尽量早播早抛，以便早成熟早让茬，为双晚高产赢得时间。

（2）适当密植

通常抛秧的基本苗的数量应比同龄秧手插的增加 10%左右。一般早稻每亩抛15 万~16 万茎蘖苗；中稻 35 天左右秧龄，每亩抛栽 6 万~7 万基本苗；50 天左右秧龄，每亩抛栽 8 万~10 万基本苗；双晚每亩抛 13~15 万茎蘖苗。乳苗和小苗抛栽，因大田秧苗成活率较高，可适当减少些。

（3）起秧和运秧

控制育秧盘营养土块水分，使干湿适度。一般在抛秧前两天给育秧盘浇一次透水，起秧时保持干爽，这样容易分秧。

起秧时先松动育秧盘，再把育秧盘拿起，以免一次用力过猛而损坏育秧盘；平地旱育的可用平板锹铲秧，厚度 5 厘米左右，保持根系不过分受损伤，并带有一定的土块。运秧时，对盘育秧，可先将秧苗拍打落入运秧筐内或直接将育秧盘内折卷起装入筐中运往大田；平地旱育铲抛的可用筐或盆之类的工具运送。要注意抛苗要随起随运随抛，不可放置过长时间。时间过长会出现萎蔫，影响活棵立苗。

（4）抛栽

人工抛秧：抛秧最好选在阴天或晴天的傍晚进行，这样抛栽后秧苗容易立苗。抛栽时要尽量抛高、抛远，抛高 3 米左右，先远后近，先撒抛，后点抛，先抛秧苗总量的 70%~80%，抛后每隔 3 米宽拉绳隔出一条30 厘米宽的人行走道，以便田间管理以及开丰产沟烤田，将剩下的 20%~30%秧苗补稀补缺，尽力使秧苗分布均匀一致，并用竹竿进行移稠补稀，如果一时来不及，移稠补稀可在抛后 2~3 天做完。

机械抛秧：机械抛栽的优点是抛秧效率比人工高，而且也比人工抛秧均匀。机械抛栽一般以抛栽中、小秧苗效果较好。机械抛栽具体操作技术应按不同型号机械操作说明进行；无盘抛秧起秧时将秧苗分开，抛栽方法同上。

3.大田管理

（1）施肥

基肥：每亩施 1 000 千克农家肥或 50 千克饼肥，10 千克尿素，40~50 千克磷肥，7 千克氯化钾。施后耕翻整平。

追肥：抛秧栽培分蘖肥不能施过多，以防群体过大。抛后 5~7 天，每亩追加 5 千克尿素，抽穗前 30 天每亩施促花肥 3.5 千克（粳稻 5 千克）尿素和 5 千克氯化钾。抽穗前 18 天（幼穗长 1~1.5 厘米），每亩追加 5~7.5 千克（双晚 5 千克）尿素和 5 千克氯化钾，抽穗时看苗追肥，叶色偏淡的田块每亩追加 3 千克尿素。

免耕抛栽双季稻的基肥、蘖肥和穗肥比为 6:3:3。免耕抛栽中稻的基肥施 4.6 千克，不施促蘖肥，抽穗前 40 天施 4.6 千克，抽穗前 30 天施 2.3 千克，抽穗前 18 天施 4.6 千克。

（2）水分管理

为了促根深扎，促进壮秆，有效地防止根倒伏，抛栽的稻田要坚持严格的间歇灌溉，在抛秧后 3~5 天，坚持阴天和无雨夜间露田，晴天上午建立浅水层，促进扎根立苗。抛后即开平水缺口，遇大雨及时将水排出，防积水漂秧。立苗后建立浅水层，以利促进分蘖。适时早烤田，多次轻烤，促进发根。一般在单位面积茎蘖数达到预计穗数的 80%时开始烤田。由于抛栽稻对水分反应较敏感，晒田不宜一次过重，应采用多次轻晒，先轻后重，晒到“脚踩田面不下陷，见缝不见白”时就立即上水，经过 3~4 天落干再晒。孕穗到抽穗阶段，适当增加灌水次数，抽穗后的前 15 天保持浅水层。之后干干湿湿，要严格保持田面硬板湿润，泥不陷脚，使稻根牢牢地固定在土壤中，这是防止抛栽稻根倒伏的关键。抛栽稻抽穗不整齐，灌浆期拖得很长，后期要特别注意养老根，直到成熟前 5~7 天断水，不要过早断水，适当推迟收割，以提高谷粒的黄熟率。

(3)杂草防除

一般在抛秧后5~7天,当秧苗全部扎根竖立起来后施药。施用方法是:每亩用50%禾草丹乳油150~250毫升,或96%禾草敌100~150毫升,或25%灭草松水剂300~400毫升,或50%扑草净可湿性粉剂80~120克,喷施或撒施。

(4)病虫害防治

抛栽稻的病虫害种类和发生规律与一般移栽稻相同。不过抛栽稻的群体较大,易发生病虫害,应注意及时防治,特别要加强孕穗期间的纹枯病防治。

第六节　再生稻生产技术

一　我国再生稻的种植历史及现状

1.再生稻在我国的种植历史

再生稻是头季稻收割后,利用稻桩上存活的休眠芽或潜伏芽,给予适宜的水、温、光和养分等条件,使之萌发成再生分蘖,进而抽穗成熟的一季水稻,俗称"抱孙谷"或"秧孙谷"。

我国再生稻开发利用已有1700多年的历史,公元3世纪西晋郭义恭撰《广志》中云:"有盖下白稻,正月种,五月获,获讫,其茎根复生,九月复熟,此其再熟为一本两割。"《宋史·仁宗本纪》载:庆历八年(1048年),"庐州合肥县(今安徽合肥)稻再熟"。

2.发展再生稻生产的意义

再生稻不仅仅是减少灾害损失的一项补救措施,更是保障国家粮食安全和满足市场上对粮食优质化要求的重要举措,也是粮食种植结构优化调整的有效途径。据估计,我国南方有超过4 500万亩单季稻田适宜种植再生稻,发展潜力巨大。发展再生稻的主要意义有:

(1)提高稻田复种指数,使光温资源充分利用

再生稻因其生育期短,产量高于头季稻,社会效益好。

（2）种一季收两季，可增效节本，经济效益好

再生季省去了育秧、整田、移栽等环节，还可与抛秧、直播等轻简栽培技术结合，可节省 60%的生产成本。

冯骏测算出再生季收益可达 402 元/亩，而小麦、油菜的收益只有 220 元/亩、225 元/亩；熊纯生等认为“Y 两优 9918”再生季每亩经济效益可达 910.4 元；刘中来等用“丰两优香 1 号”进行再生稻全程机械化示范，都昌点和永修点两季纯收入分别为 1 194.6 元/亩、685.6 元/亩，投入产出比分别为 1:2.06、1:1.62。

（3）生态效益好

头季稻种植化肥农药用量少，减轻了对环境的污染，在稻瘿蚊重发区可利用时间差来避开虫害；头季稻的秸秆通过粉碎可以全量还田，有效解决秸秆禁烧综合利用问题；此外冬闲时可播紫云英、饲料油菜等绿肥，增加土壤有机质、改良土壤结构，有利于农业可持续发展。

（4）减少灾害损失

在头季稻生长期内遇到高温不实、洪涝或者干旱等灾害时，可通过割茬再生以减少损失。

（5）有利于米质提高

再生稻由于灌浆期气温适宜，昼夜温差较大，谷粒能充分发育，整精米率明显提高，垩白米率和垩白度明显降低，淀粉构成的改变增加了米饭硬度，再生稻米外观品质和口感品质明显改善。另外，再生季病虫害减轻，化肥农药使用少，因此再生稻食用更安全。有利于高档优质大米的产业化，促进品牌创建。

3.再生稻与头季稻的区别

（1）再生稻开始于头季稻茎节上再生芽的分化，而不是由种子萌发形成的。

（2）再生稻株型与头季稻明显不同，植株矮小，只有头季稻株高的 1/3~1/2；总叶片数少，一般只有 2~4 片，叶片短、窄、薄、挺直；再生稻的根由头季稻母茎上存活的根和稻桩茎节休眠根原基上萌发的新根两部分组成。

（3）再生稻幼穗分化较早，头季稻收割前再生芽已进入幼穗分化，也

就是营养生长和生殖生长同步进行。

(4)再生稻在生长过程中有一个再生芽休眠期。

4.近年来我国再生稻的发展及各地高产纪录

再生稻在长江流域和南方稻区有相当长的栽培历史，主要分布在四川、重庆、福建、广东、广西、湖南、湖北、江西、安徽、浙江等地。过去由于受历史条件的限制，再生稻单产水平很低，亩产在75~100千克。到了20世纪70年代，随着半矮秆品种和杂交水稻的推广，再生稻的研究焕发了新的活力，广东省率先研究杂交稻蓄留再生稻，从此再生稻的研究利用进入一个稳定发展阶段。据农业部统计资料，2012年全国种植再生稻面积771万亩，平均单产达每亩135.3千克。近年来，再生稻生产不断扩大，据农业农村部统计资料，2018年全国11个省、市共推广再生稻1 323.9万亩，2019年近1 500万亩。

四川种植再生稻面积长期居全国首位，2012年418.5万亩，约占全国再生稻总种植面积的54.2%。种植再生稻在四川东南部已成为一种稳定的耕作制度，富顺县是全国唯一再生稻总产量超过7万吨的生产大县，2010年获得农产品地理标志登记保护。

湖南省从2015年的35万亩迅速发展到2018年的400多万亩，跃居全国第一。湖北省近年来发展很快，主要分布在黄冈市和江汉平原地区，2013年仅40万亩，到2018年超过300万亩。近两年再生稻示范推广在安徽省江淮以南至沿江江南稻区发展迅速，2019年种植面积30万亩，2020年猛增到80.2万亩，2021年全省推广面积100多万亩，其中霍邱县为60多万亩。

近些年来，随着各地对再生稻的深入系统研究，形成一系列适应当地生态条件的再生稻高产栽培技术体系，同时也涌现出一些高产纪录。

2015年，湖北省洪湖市沙口镇的"丰两优香1号"和沙洋县毛李镇"天两优616"再生稻单产分别达到389.7千克/亩和464.8千克/亩。

2017年，广西灌阳县黄关镇联德村的"超优千号"再生稻平均单产552.1千克/亩，加上头季稻1 009.5千克/亩，两季合计单产达到1 561.6千克/亩。

2018年，安徽白湖农场示范水稻"一种两收"技术500亩，经专家现场测产，头季稻理论产量达到 642.5 千克/亩，再生季水稻产量达到 409.9 千克/亩，两季平均亩产达到 1 052.4 千克。

2018 年，浙江省常山县球川镇的“甬优 1540”再生稻平均单产 428.2千克/亩，头季稻 731.2 千克/亩，两季合计单产达 1 159.3 千克/亩。

二 影响再生稻产量的主要因素

1.地域

根据温、光、降水等气象指标，可将我国再生稻种植区域划分为 5 个气候生态带。以下种植面积为 2018 年数据。

（1）华南再生稻作带

包括广东、广西、海南，该区热量丰富、雨量充沛、水稻安全生育期长，主要集中在广西，约 30 万亩。

（2）华东南再生稻作带

包括福建（16 万亩）、江西（54.3 万亩）、浙江（3.5 万亩）、台湾，该区的气候条件仅次于华南再生稻作带。其中福建省再生稻区光热资源比较丰富，十分有利于水稻生长，是我国最早进行再生稻栽培技术研究和生产示范的省份之一，同时也是再生稻高产地区。

（3）华中再生稻作带

包括湖南（400 万亩）、湖北（311 万亩），该地区近年来发展势头强劲，再生稻种植总面积占全国的一半以上。湖南省再生稻区主要分布在衡阳、常德、永州等市，湖北省荆州地区是再生稻发展最早、面积最大、单产最高的地区。

（4）华东再生稻作带

包括安徽（15 万亩）、江苏，安徽省主要分布在宣城地区，近年来在六安、安庆、黄山等地也有示范推广。

（5）西南再生稻作带

包括四川（399 万亩）、重庆（106 万亩）、云南（9.1 万亩）、贵州（0.5 万亩）。

此外，作为籼稻生产的北缘河南信阳市的光山县、商城县、固始县等地近年来也开展了再生稻的试验和示范，2018 年示范推广 9.6 万亩。

2.品种

目前生产上割茬作再生稻主要用已审定的籼稻经过筛选而来,各地总结出四点作为再生稻品种选用的依据。

(1)头季稻高产稳产。

(2)较强的分蘖特性,再生能力强。

(3)适宜的生育期,保证再生稻安全齐穗。

(4)抗病虫和抗倒伏能力强。

近年来各地主推的再生稻品种有:

华南再生稻作带,主要有“中旱1号”、“中浙优1号”、“中浙优10号”、“Y两优900”、“超优千号”(“湘两优900”)等。

华东南再生稻作带,主要有“中浙优8号”“两优616”“甬优2640”“甬优1540”“晶两优华占”“两优2186”“天优华占”“丰两优香1号”“昌优10号”“深两优5814”“准两优608”“广两优676”等。台湾主要有“台农70号”(粳)、“台农67号”(籼)。

华中再生稻作带,主要有“Y两优1号”“培两优500”“准两优198”“新两优6号”“两优6326”“新两优223”“天两优616”“准两优608”“Y两优9918”“晶两优华占”“晶两优1468”“黄华占”“深两优867”“旱优73”“C两优华占”“丰两优香1号”“隆两优华占”“荃优822”“徽两优898”“泰优390”等。

华东再生稻作带,主要有“丰两优香1号”“晶两优华占”“晶两优1212”“天两优616”“准两优608”“金优207”“荃优822”等。

西南再生稻作带,主要有”“宜香707”“渝香203”“宜香优2115”“川优6203”“内5优306”“新优205”“云光17”“深两优5814”“荃优华占”等。

河南信阳的适宜品种主要有“两优6326”“丰两优香1号”“天两优616”“桃优香占”等。

3.生育期

再生稻的生育期变幅较大,与头季稻的品种、播期、种植地点的气候条件、留桩高度等密切相关。生产上要注重当地的安全齐穗期和达到水稻生长发育的下限温度。如某地安全齐穗期为9月20日,早春温度稳定通过 12 ℃的日期为 4 月 1 日，则该地区水稻安全生长期长达 173 天;而头季稻收割到再生稻齐穗约需 30 天，则头季稻可选生育期 140 天左右的水稻品种。播种期安排在 4 月初,如采用地膜覆盖等增温措施还可提前播种期。目前生产上实际推广的再生稻品种多数再生季生育期在 60~70 天。

4.留桩高度

头季稻收割时的留桩高度实质上是保留休眠芽节位、个数问题,它关系到再生稻的成穗量、抽穗期和最终产量。随留桩高度的降低,再生稻的收割到成熟所需天数逐渐延长,每穗总粒数和千粒重略有增加,再生芽、有效穗、结实率在桩高 30 厘米以下显著降低。留高桩的好处主要有:能保住较多再生芽,有效地提高再生率,活芽率提高,抽穗提前,成穗数多,结实率高,等等。

5.温度

再生季日均温度随海拔递增而逐渐下降,它与再生稻全生育日数和千粒重均呈显著负相关,与再生苗数、有效穗数、株高、穗长、穗总粒数、穗实粒数、结实率等以及单位面积产量均呈显著正相关;再生稻长苗期和抽穗开花期的日均温度与再生稻单产亦呈显著正相关。

6.栽培措施

栽培措施是否合理、技术措施是否到位等都会影响再生稻的产量水平,这部分将在下面详细阐述。

三 再生稻高产栽培技术

1.再生稻高产的基础是种好头季稻

种好头季稻对再生稻的高产起着关键作用,以“根活、秆青、叶绿、芽壮”为主攻目标,主要有五个方面的措施。

(1)适当早播

头季稻采用地膜覆盖等技术提高地温,可有效提早播种期,有利于头季稻的高产和提早收割,同时再生稻可早抽穗开花,能避开秋天的寒潮危害,从而提高结实率和产量。在福建、重庆等地,早播还可以减轻或避开稻瘿蚊的危害。

(2)培育壮秧

“秧好一半稻”,选择土质松软肥沃、水源好的秧田;播种前可用强氯精等浸种预防病害,一叶一心时每亩用浓度250~300毫克/千克的多效唑溶液100千克喷施,做到促根、增蘖、壮苗;稀播,常规稻20千克/亩,杂交稻10~15千克/亩;施好基肥。头季稻要避免秧龄过长,适时移栽。

壮秧的形态特征有:叶片不浓不淡;分蘖1~2个;根系发达,白根多;个体均匀一致。

(3)宽行窄株,合理密植

宽行窄株有利于田间通风透光,增强根系活力,减轻病虫害,有利于头季稻的高产。一般以每亩插1.5万~2.0万穴为宜。

(4)管好肥水,增加头季稻有效穗

头季稻施肥上应做到早发、中稳、后健,适当增施磷、钾肥。一般亩产500千克的稻田需纯氮10千克/亩左右,氮、磷、钾比为1:0.5:0.7。氮肥做基肥和追肥之比约为1:1,切忌“一头轰”施肥。适时晒田控苗,湿润灌溉养老根,防止断水过早,一般在收割前10天过一次跑马水。

(5)及时防治病虫害

病虫害如稻瘟病、白叶枯病、纹枯病、稻飞虱、螟虫等,不仅造成头季稻减产,而且影响再生芽的萌发。尤其是纹枯病应早防、多防,可分别在晒田复水后、收割前、孕穗期、齐穗期防治2~3次,每亩用井冈霉素150克对水50千克喷雾,喷雾时田间保持水层。

2.适时收割头季稻

在再生稻高产的“三因子”中,头季稻的收割时期最为重要,其次是促芽肥的施用,最后是纹枯病的防治。

杂交水稻有二次灌浆现象,灌浆时间较长,过早收获会降低千粒重,增加秕粒率,收获期越早(籽粒成熟度低于95%时),头季稻减产比例越大;同时还影响再生芽的萌发和生长,致成穗率降低。但如果头季稻过于成熟时收割,虽然对腋芽萌发有利,但会使再生芽生长到齐穗时间缩短,即缩短了再生分蘖的营养生长期,进而影响再生稻的安全齐穗。一般最迟在当地安全齐穗期前大约30天收割。休眠芽开始破鞘现青是收割头季稻的最好时机。

机械收割时稻田必须充分晾干,沙壤土为佳。为保护再生芽,要尽量减少稻桩损伤,如有稻桩被压倒,要及时扶正。

3.留桩高度适宜

留桩时要掌握“留二,保三,争四、五”的原则,即留住母茎上倒数第二腋芽,保好倒数第三芽,争取倒数第四芽、第五芽。一般倒二芽、倒三芽穗的产量占总产量的70%~80%。

留桩高度的确定要有利于大田收割,一般留桩30~40厘米为好,对植株较高的组合,留桩高度可放宽到50厘米左右,以保留倒二、倒三芽。收割时,要注意收割质量,尽量做到整齐一致,保持平割,不要斜割。

4.再生稻的栽培措施

有效穗数对再生稻产量作用最大,其次为穗实粒数,而千粒重作用不明显。如何增穗、增粒,是再生稻高产栽培的关键所在。

(1)及时追施促芽肥和保蘖肥

再生稻一般在头季稻齐穗后15天左右倒二芽开始幼穗分化,适时施用促芽肥,有利于新根生长,保持功能叶青绿,再生芽成活率高,有效穗增多。

在田地肥力中等、留高桩的条件下,以头季稻齐穗后15~20天每亩施4~5千克尿素为宜,肥力高,头季稻生长好的田块可少施,肥力低、长势差的田地要早施、多施。头季稻收割后的7~8天是再生稻的孕穗关键时期,要补施保蘖肥以提高再生芽萌发率,增加有效穗数、粒数和粒重。肥力差的田块,收割后1~3天,每亩施尿素4~5千克保蘖。再生稻抽穗20%~30%时,每亩用0.5~1.0克“九二〇”加150克磷酸二氢钾或用“谷粒饱”50~75克对水50千克对叶片进行喷施,可减少包颈,增加有效穗,还可延长叶片功能期,促使籽粒饱满。在孕穗期到始穗期还可使用的生长调节剂有“粒粒饱”“施丰乐”“移栽灵”等。

(2)加强田间水分管理和病虫害防治

再生稻怕淹怕干,一般在头季稻收割后灌一次浅水,结合追施保蘖肥(发苗肥),以后田里保持湿润,切忌长期淹水。在头季稻收割后,如遇到连续晴热高温天气,应早晚各用清水浇桩一次,防止稻桩上部失水过快,以后以保湿为主。如抽穗扬花期遇寒露天气,可灌深水保温护苗。

加强对稻飞虱的防治,其次为纹枯病、螟虫等。在稻瘿蚊重发区,头季稻收割后1~2天用10%灭线磷颗粒剂加以防治。

(3)及时收割

再生稻的上位芽早,分化时间长;下位芽迟,分化时间短,前期分化较慢,后期分化较快,这种特性决定了再生稻上下位芽生育期长短不一,抽穗成熟期参差不齐,青黄谷粒相间,收割时全田成熟度应在90%以上。

四 再生稻生产技术集成和发展

1.中稻受淹的补救措施

中稻在抽穗扬花期如受洪涝灾害,会出现颖花退化、抽穗困难甚至植株死亡,导致水稻减产、绝收,此时补种晚稻则易受寒露风等自然灾害的影响,产量得不到保证,采用割穗再生栽培技术可在一定程度上减少损失。

(1)选择分蘖力强、株型好的品种割穗,如“Ⅱ优明86”等。

(2)割穗田块的判断标准。破口期前后淹7天以上的;结实率在40%以下的;孕穗期受淹,稻穗呈畸形,花粉发育不良的。

(3)出水后9天左右割穗为宜,此时植株逐步恢复生机而正常生长。

(4)留桩高度为60厘米左右,保留倒一节,割去倒一节以上的部分。

(5)割穗前水分管理。渍水不宜过早彻底排干,应保持浅水层1~2天,然后放水露泥约2天,去污活根后再上水,此时可割穗。及时清理稻草,扶正稻茬。

(6)割前4天和割后3天每亩分别施尿素7.5千克。

(7)割穗后田间宜保持浅水层,湿润灌溉,以提高根系活力,促进再生芽生长。

(8)受涝后,霜霉病、细菌性基腐病等明显加重,要加强病虫害的防治。

在实际操作中，要遵循“早割低留桩，迟割高留桩”和“早割多施，迟割少施”等原则并结合受淹程度灵活运用。

2.杂交中稻免耕抛栽高桩再生集成技术

杂交中稻免耕抛栽高桩再生集成技术是一项省工、省力、省成本、优质高效的水稻栽培技术，有助于缓解农村劳动力缺乏所带来的压力。

（1）选用性状优良、适宜当地种植的品种。

（2）大田在抛栽前用草甘膦除草，经 2~3 天，用 4~5 厘米水层浸泡 10~15 天，促进有机物的分解。

（3）中稻最佳抛栽密度为 1.4 万穴/亩左右。小苗（3.5~4.5 叶）抛植时，应相应提高钾肥的比例，适当降低氮肥用量；大苗（6 叶左右）抛植时，应适当增加抛植密度，提高施肥水平。

（4）抛栽后追施尿素时结合“抛秧一次净”进行田间除草。

（5）中稻收割前 12 天每亩施 10 千克尿素，收割后立即施用尿素 10 千克/亩。

（6）留桩高度 40 厘米左右，以保留倒二节为宜。

3.再生稻超高产优化集成技术

福建省尤溪是国家和福建省商品粮基地县之一，再生稻单产多次打破世界纪录，张上守等认为实现再生稻超高产关键在于提高腋芽萌发率，以多穗补小穗的不足，总结归纳出“再生稻超高产优化集成技术”。

（1）选用“双高”品种

选用头季产量高、再生能力强的“双高”品种，如“汕优 63”“Ⅱ优航 1 号”“Ⅱ优航 2 号”“Ⅱ优 936”“Ⅱ优明 86”“天优 3301”。

（2）适时早播，培育壮秧

尽量做到早播早栽，2 月底至 3 月初播种，4 月上中旬移栽，比常规播种提早 20 天。适时早播可延长本田营养生长期 10~15 天，为争取多穗大穗的群体结构奠定基础。

要做到“浸种催芽，做好秧畦，超稀播种，薄膜保温，多效唑调控”以培育壮秧，在二叶一心时施一次断奶肥，并同时喷施多效唑促秧苗矮化、增加分蘖。

（3）畦厢栽培，合理密植

在插秧前先按 180 厘米幅距开一条深 20 厘米、宽 30 厘米的沟，畦宽 150 厘米，本田四周开环沟。每畦插 9 行，株行距 20.0 厘米×16.7 厘米，每亩争取在 1.67 万穴以上。

（4）科学肥水管理

福建多地磷富集、钾亏缺，头季稻按每亩产 800 千克稻谷计算，需纯氮和钾肥各 14 千克。磷肥全部做基肥，钾肥分为分蘖肥和穗肥，氮肥需多次施入，基肥、促蘖肥、接力肥、穗肥、粒肥之比为 3:3:1:2:1。

一季根系两季用，保持根系活力是关键。适时烤田可增气养根，抑制无效分蘖，进而壮秆保叶养芽，对头季稻和再生稻都有明显的增产效果。做到“薄水插秧，寸水护苗，浅水促蘖，苗到不等时（8~10 蘖/穴），时到不等苗（栽后 20~25 天）”，之后间歇灌溉保持畦面湿润，齐穗后干湿交替到成熟。在拔节前7 天，用 5%“立丰灵”喷雾，可降低株高 10 厘米以上，并增强抗倒伏能力。

（5）及时防治病虫草

病虫草防治要采取以“农业防治为主，药剂防治为辅”的综防策略。选择高效、低毒、低残留的农药，及时对症下药防治。

（6）适时施好催芽肥，促进再生稻多分蘖

头季稻齐穗后 15 天左右，倒二节腋芽开始幼穗分化，每亩施尿素20 千克作为催芽肥，可促进再生腋芽萌发。头季稻收割后 3 天内灌浅水，每亩施壮苗肥 5 千克，促进再生苗健壮生长。

（7）十黄抢晴收，适当高留桩

头季稻接近完熟时，母茎才有养分供给腋芽生长，因此要在十成黄时收割头季稻。留桩应遵循“留二，保三，争四、五芽”的原则，一般稻桩高度为 40 厘米左右，才能基本上保住倒二芽。

（8）再生季田间管理

做到“水层发苗，寸水抽穗扬花，干湿交替灌浆成熟”，谨防过早断水影响结实率和千粒重的提高，遇到寒流灌深水护苗保穗，寒流过后渐排水，保持沟中有水、畦面湿润；适时喷施“九二〇”促齐穗；在破口、齐穗、灌浆期各喷施磷酸二氢钾提高结实率和千粒重，及时防治病虫害。

4.再生稻的优质化栽培

为保护生态和稻米产品食品安全，提高人们生活质量，实现农业可持续发展和农民增收，生产无公害优质稻米势在必行。

(1)选用优质品种

如再生能力强、抗逆性好、米质优的“甬优 1540”“Y 两优 900”“丰两优香 1 号”“泰优航 1573”“泰优 390”等。

(2)基地选择

基地的环境(土壤、大气、灌溉水)要完全无害化，周边无污染性化工厂和生活区。

(3)增加预防措施，减少农药使用

秋翻深耕，清除稻桩及杂草，水田灌水后，去除浮渣菌核，种子播种前用强氯精等处理，合理施肥，增施磷、钾肥，增强稻株的抗性。

(4)慎用农药防治病虫草害，生产无公害稻谷

病虫草害防治贯彻“预防为主，综合防治”的植保方针，综合运用农业防治、生物防治、物理和化学防治等技术，根据病虫草预报及时防治。化学药剂要选用低毒、高效、低残留、安全的农药。

5.机收再生稻栽培技术

传统再生稻生产模式是头季采用人工收割、打捆搬运后脱粒。随劳动力结构改变和人力成本大幅度攀升，机械收割势在必行。华中农业大学针对湖北再生稻生产，在品种筛选、栽培技术创新、病虫害防治、专用收割机研发等方面进行集成，形成了机收再生稻高产高效栽培技术。

(1)品种选择。选用“两优 6326”“丰两优香 1 号”“天两优616”等。

(2)适时播种。春分前后播种，争取立秋收割头季，确保为再生稻生长争取季节和时间。

(3)集中育秧。统一安排在 3 月 15 日—25 日播种，秧龄控制在 30天左右。

(4)合理密植。推荐密度每亩 1.6 万穴左右。

(5)精确定量施肥。据苗情适量施穗肥。施好促芽肥和促蘖肥：促芽肥在头季收割前 10 天左右施用(或不施)，亩施尿素7.5 千克和钾肥 5 千

克；促蘖肥在头季收后2~3天早施，亩施尿素7.5~10千克。

（6）水分管理。头季浅水促蘖，提早晒田，有水孕穗，花后跑马水养根保叶促灌浆；再生季前期浅水促蘖，中后期干湿交替。

（7）病虫害统防统治。科学检测、带药移栽，统防统治；一药多治或多药同施，减少用药次数。

（8）适当高留稻桩。留茬高度保留倒二叶叶枕，机收控制留茬高度在40厘米。

（9）收割时田块干硬是机收再生稻的关键，减少碾压。

6.再生稻机械化收割发展思路

能否解决好机械收割产生的不利影响，如碾压造成的20%~30%产量损失及稻谷加工品质变劣等，关系到再生稻的推广和发展，目前主要有两种思路。

（1）开发专用型农机具

华中农业大学研制出碾压率低、质量轻、通过性好的双割台双滚筒全履带式再生稻收割机；华南农业大学研制出全喂入式再生稻收割机，采用实心窄轮，减少碾压率27.5%；荆门市农机发展中心尝试加宽割台和更换高齿窄履带来改装现有机具，理论上减少碾压面积38%；以鸿田牌微型再生稻联合收割机或柳林4LZ-3.5类收割机来代替久保田。

（2）低留稻桩

降低稻桩高度可以方便机械收割作业且抽穗成熟期较整齐，但会导致再生稻生育期延长。俞道标等对低桩机割进行了探讨，选用的早熟品种留桩高度只有8厘米时，生育期推迟15天左右，但通过早施重施氮肥，能有效地促进再生分蘖根芽萌发和枝梗颖花分化，从而取得较好收成。姜照伟等通过筛选，认为"甬优2640"是一个适合福州当地的低桩再生稻品种，留桩高度可降到15~20厘米。此外，"天优华占""培两优210"等可适宜低留桩。

以上两种思路在实际操作中都有或多或少的问题，需要进一步研究加以解决。另外，要提高机收质量，减少碾压，黄世聪等采用后退单边调头机收技术可减少碾损率5%~10%。穴直播机或精量直播机也是有益的探索。

第五章 水稻有害生物综合防治技术

第一节 水稻有害生物的综合防治

水稻生产对有害生物的综合防治，是从农田生态系统的总体出发，以保护、利用稻田有益生物为重点，协调运用生物、农业、人工、物理等措施，并辅以生物农药或高效低毒、低残留的化学农药，以达到最大限度地降低农药使用量，避免农药污染，生产出稻米的一种有害生物控制与防治技术。

一 有害生物的综合防治原则

稻米生产对有害生物的控制与防治的基本原则，是以农业防治为主，通过合理耕作制度、适宜品种、高质量栽培等一系列配套技术，创造一个既有利于水稻健壮生长，又能抑制病虫草孳生的良性循环的农田生态环境，增强水稻抗逆能力，减少病虫草发生危害，从而达到防治的目的。坚持以病虫草害的预测预报为主的综防原则，是病虫草害综合防治体系的重要组成部分。加强水稻病虫害的预测预报是水稻生产的前提条件，预测预报，掌握病虫发生的种类、发生量、区域、时间和发育程度，及时采取措施，抓住病虫的薄弱环节，达到以最小的投入获得最佳的防治效果的目的。防治时应做到用药准确，防治面积小，用药量少，压低下一代虫源基数，减轻危害，避免污染。

二 综合防治的重点

1.以生物防治为重点的有害生物综合防治

有害生物综合防治的重点是生物防治，即运用抗性基因、昆虫毒素、信息素、昆虫天敌等生物防治方法综合控制病虫的发生。保护并利用自然天敌是生物防治的一个重要方面，尤其在水稻生产中具有更为重要的意义。在稻田生态系统中，害虫的天敌资源非常丰富，因此，要切实保护燕子、青蛙、蜻蜓、蜘蛛等天敌，稻田养鸭、养鱼治虫，控制稻叶蝉、稻飞虱、稻蓟马；螟虫盛蛾期释放稻螟赤眼蜂，控制螟害。

稻田生物防治的另一个重要方面是，利用微生物和病毒等农药防治水稻害虫，如利用BT乳剂防治水稻的鳞翅目害虫。使用生物农药，减少化学农药的使用量，既能有效地防治病虫害，减轻病虫的抗药性，又能大大降低对稻田环境的污染，提高水稻的卫生品质。

2.加强对稻害虫天敌的保护和利用

（1）改善天敌的生态条件

根据天敌的生物学、生态学和行为学的特点，创造有利于天敌生存繁衍的生态环境，增加天敌的种类和数量，提高对害虫的控制效应是利用天敌的基础。如防止大水漫灌，以减少瓢虫的越冬死亡量。

（2）实行“三查三定”

“三查”是查稻田害虫，查益虫的发育进度及益害比；“三定”即根据稻田益虫与害虫发育进度及数量、水稻状况、气候条件等定防治适期，定防治地块，定防治措施。通过“三查三定”，掌握害虫的防治指标和天敌利用指标，以减少施药次数和压缩化防面积。

（3）放宽防治指标，充分发挥天敌作用

（4）改进化学防治技术，减轻对天敌和环境的不良影响

选用对病虫杀死力强而对天敌杀死力弱的选择性药剂。降低化学药剂的使用量，调节益虫、害虫比，发挥天敌的控制作用。

（5）采用低剂量或超低剂量的对天敌较为安全的喷洒法。改田间喷药为隐蔽性施药或局部施药，以利于保护天敌。

三 综合防治的技术措施

1.选用抗病虫的水稻品种

选用和种植抗病虫的水稻品种，这是防治病虫危害的有力手段,也是综合防治体系中关键措施的重要组成部分。

2.农业防治

农业防治,即根据有害生物的生理生态学特性及其发生危害与有关农业因素的关系,在保证无毒、丰产、优质栽培的前提下,结合各项农业防治措施的改进与技术水平的提高,对水稻农田生态系统调控,达到控制某些有害生物危害的目的。

农业防治技术主要包括:

(1)改善土壤理化性质

改善土壤理化性质,可以影响有害生物的栖息生活条件。

(2)科学施肥

施足有机肥,合理施用化肥,科学地调节氮、磷、钾肥的比例与用量,注意避免盲目施用氮肥,促进水稻苗壮生长,以增强水稻对病虫害的抵抗力和受害后的自我补偿能力。施用的有机肥要充分腐熟,否则易引起蛴螬等地下害虫的危害。

(3)科学灌溉

通过科学灌溉,调节土壤水分和农田小气候,使之适于水稻正常生长发育,可控制某些病虫的发生与危害。

(4)合理密植

实施合理密植,建立合理的群体结构,促进水稻健康生长。

另外,可配合进行人工物理防治,即及时摘除稻螟虫卵块,拔除枯心苗和白穗。在有条件的地方,采用频振式杀虫灯诱杀螟蛾,一般 50 亩设一盏灯,可压低虫口基数。

四 化学防治与用药方法

1.化学防治作为辅助措施

化学防治是水稻生产的辅助措施，仅在十分必要的情况下才可以使用。尤其必须根据病虫害的预测预报，准确掌握防治指标和防治适期，选择高效、低毒、低残留的农药品种，以达到既有效控制病虫草害的发生危害，又最大限度地减少农药污染、保护生态环境的目的。在病虫害发生初盛期或一般发生时，使用无污染生物农药品种；病虫害大发生时，则选用生物农药与化学农药混配剂或化学农药品种；两种以上病虫害发生时，则选择具有兼治作用的农药复配剂。

化学防治应严格执行国家《农药合理使用准则》(GB/T 8321.10—2018)及《食品安全国家标准　食品中农药最大残留限量》(GB 2763—2019)，根据《绿色食品　稻米》(NY/419—2014)的要求，严格禁止使用剧毒、高毒、高残留的农药品种，限制使用高效、低毒、安全的农药品种，推广使用无公害无污染生物、植物源农药品种，降低稻谷中有机磷、有机氯等农药残留。

2.农药的合理轮换

随着科学技术的发展，高效、低毒、低残留的化学农药和生物农药应运而生。一些生物农药不仅对害虫防效高，且其残留对人体没有伤害。在大米生产过程中应尽量用那些对环境污染少、对人体无害的生物农药来防治病虫，实行农药的合理轮换。如可用吡虫啉拌种，有效防治水稻秧苗期稻蓟马、稻飞虱的危害，代替以往用呋喃丹撒秧板的习惯；防治二化螟可用生物农药苏特灵，在卵孵、低龄高峰前用药，代替以往常规农药三唑磷；稻纵卷叶螟的防治可选用中毒农药毒死威(或毒死蜱)，代替高毒农药甲胺磷；防治蚜虫、稻飞虱可选用吡虫啉系列农药，代替以往常用的乐果、敌敌畏。稻曲病、穗颈瘟的预防选在水稻破口前5~7天，用稻曲宁、赢曲克星等混配药剂，替代以往在水稻破口齐穗期用三环唑、粉锈宁预防。这些低毒高效农药替代使用后，稻米中的有机磷含量会大大降低，大米产品才有可能达到国家规定的卫生安全标准。

3.化学农药使用方法

农药的使用方法很多，有喷粉、撒毒土、喷雾和泼施，还有拌种、熏蒸、浸种、涂抹、毒饵等，根据水稻生产的要求，选择适当的施药方法，才能发挥农药的效果。选择合适的农药和使用方法，必须加强病虫的测报工作，才能掌握用药的关键时期。总的来说，药剂防治时期一般是在病虫一生中的薄弱环节，也是水稻最易受害的危险期，要做到消灭病虫在其大量发生之前。严格按照规定的浓度和用量施药，如浓度过低，效果差；浓度过高，浪费农药，还有可能使水稻产生药害，导致人畜中毒等。配药时用清水，先配成少量的母液，再配成规定的浓度。如果病虫同时发生，可将农药混合使用以提高用药效果。但应注意不能用酸、碱两种农药混合或混合后出现浑浊和颗粒悬浮现象的两种药液混施。

第二节　水稻主要病害及其防治技术

一　水稻稻瘟病

稻瘟病是由水稻稻瘟病病原真菌侵染水稻不同部位而引起的水稻病害。

1.稻瘟病的识别

由于病菌侵入的时间和部位不同，表现的症状也不同，因此，有苗稻瘟、叶稻瘟、节稻瘟、穗稻瘟、谷粒稻瘟等区别。

（1）苗稻瘟（苗瘟）

多由种子带菌引起，单季晚稻秧田和后季稻秧田中危害严重。三叶期前发生，一般不形成明显病斑，多变成黄褐色并枯死。多数是三叶期后发生在叶片上（即苗叶瘟），病斑短纺锤形至梭形，或密布不规则的小斑，灰绿色或褐色，天气潮湿时病部生有灰绿色的霉（分子孢子）。严重时，可使秧苗成片枯死。

（2）叶稻瘟（叶瘟）（图 5–1）

秧苗及成株的叶片上都可发生，初期现针头大小的褐色斑点，很快

图 5-1　叶瘟危害症状

扩大。一般在分蘖盛期盛发，严重时，远望发病田块如火烧过似的。病斑有四种类型。

急性型：病斑不规则，由针头大小至近似绿豆大小，大的病斑两头稍尖，水渍状，暗绿色，背面密生灰绿色霉。急性型病斑的出现是稻瘟病流行的预兆。

慢性型：急性型的病斑在气候干燥等情况下可转化成慢性型。病斑梭形，外围黄色的是中毒部，内部褐色的是坏死部，中心灰白色的是崩坏部；褐色坏死线贯穿病斑并向两头延伸，这是稻瘟病的一个重要特征。天气潮湿时，病斑边缘或背面也常有灰绿色的霉。

褐点型：病斑为褐色小点，局限在叶脉间。气候干燥时，多在抗病力强的稻株中下部叶片上出现。适温、高湿时，有的会变为慢性型病斑。

白点型：这种类型的病斑较少见，多在感病嫩叶上出现近圆形的小白点。气候适宜发病时，可转变为急性型病斑。

（3）穗稻瘟（捏颈瘟、穗颈瘟）（图 5-2）

发生在穗颈和穗轴或小枝梗上，对产量影响最大。初期出现小的淡褐色病斑，边缘有水渍状的褪绿现象。以后病部向上下扩展，长的有 2~3 厘米，颜色加深，最后变黑枯死或折断，造成瘪谷甚至白穗。

（4）节稻瘟（节瘟）

一般发生在剑叶下第一、第二节，节上初生黑褐色小斑点，逐渐呈环

图 5-2 水稻穗颈瘟危害症状

状扩展,最后使整个节部变成黑色,造成茎秆节弯曲或折断。

(5)谷粒稻瘟(谷粒瘟)

发病早的病斑呈椭圆形,中部灰白色,以后使整个谷粒变成暗灰色的秕谷。发病迟的常形成不规则的黑褐色斑点。

2.稻瘟病的发病条件

稻瘟病大发生是综合因素影响的结果。造成年度间发病轻重不一的主要因素是气候条件,造成田块间发病轻重不一的主要因素是栽培管理措施和品种的抗病性。一般来说,合理的肥水管理,可增加水稻的抗病性,即使在大发生年份,也会减轻发病。

(1)气候

最适宜于病菌孢子形成和侵入的气温是24~28 ℃,相对湿度在92%以上。这两个条件若同时存在,则有利于发病;若二者缺一,则不发病或发病缓慢。晚稻孕穗、抽穗阶段,如遇低温、阴雨时,水稻生长嫩弱,抗病性减弱,往往造成穗颈瘟流行。

(2)施肥不当

施用氮肥过多,特别是使用过迟,常诱发严重穗颈瘟。

(3)品种的抗病性

水稻对稻瘟病的抗性因品种不同而异;即使是同一品种,在不同生育阶段,对稻瘟病的抵抗力也不同。一般在四叶期、分蘖期、孕穗末到始穗时最易发病。

3.稻瘟病的综合防治措施

(1)选用抗病品种

选用抗病、耐病性强的品种,并健全留种制度,是防病的经济有效措施。同时,要合理布局品种,并不断更新抗病品种。

(2)种子处理

稻种应从无病田或轻病田选留。带菌种子,特别是晚稻病种是苗叶瘟的初次侵染菌源之一,应进行种子消毒,可用500倍的三氯异氰尿酸(强氯精)水溶液浸种12小时后,用清水冲洗干净,再浸种或直接催芽;用2毫升的浸种灵,加水10千克,浸种6千克,浸2~3天再催芽播种或直接播种。种子消毒可在预防稻瘟病的同时,兼防白叶枯病、纹枯病、细菌性条斑病等。

(3)加强栽培管理

播种适量,培育粗壮老健无病或轻病秧苗是防治苗瘟的关键。本田前期基肥要足,注意氮、磷、钾的配合,促使稻株老健、稻株生长平衡。在分蘖盛期前,及时搁田,可以增强植株抗病能力,控制叶瘟的发生和发展,从而减少药剂防治的面积。抽穗期灌脚板水,满足花期需要;灌浆期湿润灌溉,有利于后期青秆黄熟,减轻发病。病害常发地区和易发病田块应不施或慎施穗肥,以免加重发病,造成减产。

(4)药剂防治

稻瘟病常年流行地区,要采取抑制苗瘟、叶瘟和根治穗颈瘟的药剂防治策略。在水稻移栽时用20%三环唑可湿性粉剂100克对水75千克制成的药液,浸秧3~5分钟,取出堆闷20~30分钟再移栽,基本上可以控制大田叶瘟,减少大田叶瘟发生面积和防治次数。

药剂防治的重点是穗颈瘟,因其对稻米的产量及品质影响极大,若在破口期,天气预报有低温阴雨天气,必须立即施药防治。如果天气有利于病害继续发生,在灌浆期再喷施一次。常用的施药剂量有:每亩用75%三环唑粉剂20~30克,或40%稻瘟灵(富士一号)乳油70毫升,或40%多菌灵胶悬剂100毫升(兼治水稻纹枯病),或2%春雷霉素水剂75毫升,或

75%百菌清可湿性粉剂100~130克(兼治水稻纹枯病),或75%肟菌酯·戊唑醇水分散粒剂15~20克(兼治水稻纹枯病、稻曲病),或36%三氯异氰尿酸(强氯精)可湿性粉剂60~90克(兼治水稻白叶枯病、纹枯病、细菌性条斑病),或50%氯溴异氰尿酸可溶粉剂(消菌灵)(兼治水稻纹枯病、细菌性条斑病、白叶枯病、条纹叶枯病)50~60克,对水喷施。

二 水稻纹枯病

水稻纹枯病是由水稻纹枯病病原真菌引起的水稻病害。

1.水稻纹枯病的病害症状

水稻纹枯病稻株群体植株的被害状(图5-3、图5-4),随水稻品种类型及生态条件不同而异。依对不同类型品种的观察结果,将纹枯病的被害状划分为三种危害型。

(1)倒伏型

一般发生于高秆品种。受害严重时,病部组织软腐、贴地倒伏,最后枯死,在高肥、密度过大的田块更容易发生。

(2)立枯型

多发生于受害严重的中秆品种。一般不倒伏,受害叶片杂乱无章、相互交错,构成明显的枯死层。前期受害轻时,并不是整丛枯死,而是受害较重的病组织软枯,根系变黑而腐烂。

图5-3 纹枯病危害叶鞘症状

图5-4 纹枯病危害穗部症状

(3)枯蔸型

通常发生于矮秆品种,是受害最严重的一种类型。早期受害后,可使全丛立地枯死、病丛腐朽,在田中形成癞头状,但不倒伏。若病情进一步发展,几天内,可使全田毁灭,呈枯草状。

2.水稻纹枯病的发病条件

(1)高温与高湿的天气条件

高温、高湿的环境下发病最盛,田间小气候在25~32 ℃时,又遇连续阴雨,病势发展特别快。

(2)田间密闭与深水灌溉

过度密植;过多或过迟追施氮肥,水稻徒长嫩绿;灌水过深,排水不良,造成通气透光差,田间湿度大,加速菌丝的伸长和蔓延,都有利于发病。矮秆多穗型的品种因分蘖多,叶片密集,容易感病。

3.水稻纹枯病的综合防治措施

(1)清除菌核

实行秋翻深耕,把散落在地表的菌核深埋在土中;水田灌水耙地后捞去浮渣,深埋或烧掉;病稻草不能还田,铲除田边杂草。

(2)栽培措施

合理密植,尽量使田间通风透光,降低田间湿度,减轻发病程度。合理施肥,应施足底肥,早施追肥,避免后期偏施氮肥,防止稻株贪青徒长。在水浆管理上,要遵循前浅、中晒、后湿的原则,中期烤田至关重要,可以促进水稻生长健壮,以水控病,提高抗病力。

(3)适时用药

这是当前防治纹枯病最主要的措施,在发病初期及早进行防治。根据实际病情决定是否第二次用药,或结合其他病虫兼治。每亩用12.5%克纹霉水剂200~250毫升,或用12.5%纹霉清300毫升;1%申嗪霉素80克对水60千克喷施,或5%井冈霉素水剂300毫升对水35千克喷于水稻中下部,或5%已唑醇悬浮剂60~120毫升,或43%戊唑醇悬浮剂10~15毫升,或12.5%烯唑醇可湿性粉剂,或75%肟菌酯·戊唑醇10~15克,对水喷施。

三 水稻恶苗病

水稻恶苗病又称徒长病、恶脚苗，在秧田和本田均可发生，一般以秧田期发生严重。该病初次侵染菌源为带菌种子，病菌黏附在稻种上，随着播种出苗，病菌侵入，造成秧苗细弱、徒长而死亡，参见图 5–5、图 5–6。

1.恶苗病发病条件

恶苗病发生轻重与初次侵染菌源多少关系密切，也受气候条件、品种抗性和栽培管理的影响。发病还与土温关系密切，土温 30~35 ℃时，病苗最多。脱粒时受伤的种子或移栽时受伤的秧苗，易于发病。旱育秧比湿润育秧发病重，湿润育秧又比水育秧重；长时间深水灌溉或插老秧、深插秧、中午插秧或插隔夜秧发病严重。

2.恶苗病的综合防治措施

恶苗病主要以种子传病，应采用无病种子和播前种子处理为主的综合防治措施。

（1）选用无病种子

不要在病田及其附近稻田留种，要选用健壮稻谷，剔除秕谷或受伤稻谷。

（2）种子消毒

播前用 25%咪酰胺乳油 2 000~4 000 倍液浸种；或 25%氰烯菌酯悬浮剂 2 000~3 000 倍液浸种；或 25%使百克（施保克）乳油3 000 倍药液浸

图 5–5 水稻苗期恶苗病苗期表现

图 5–6 水稻分蘖期恶苗病危害症状

种 1~2 天；或每 6 千克稻种用17%恶线清可湿性粉剂 20 克，对水 8 千克浸种60 小时。取出稻种，用清水冲洗后催芽，对恶苗病具有很好的防治效果。浸种前若能在晴天阳光下晒种 1~2 天，效果更好。

（3）处理病稻草

不能用病稻草做催芽或旱育秧的覆盖物。

四 稻曲病

1.稻曲病危害症状与发病条件

（1）稻曲病危害症状

稻曲病是一种危害水稻穗部的病害（图 5–7、图 5–8）。在一个穗上通常有一至几粒，严重的有十几粒甚至几十粒发病。受害穗部病粒内外颖

图 5–7　稻曲病危害的田间表现

图 5–8　稻曲病危害穗部症状

先裂开,露出淡黄色块状物,以后受害部位逐渐膨大,变成黑绿色,呈龟裂状,并散出墨绿色粉末。稻曲病不仅毁掉病粒,而且还能消耗整个病穗的营养,致使其他籽粒不饱满。随着病粒的增多,空秕率明显上升,千粒重下降,造成稻米品质严重下降。稻曲病菌产生的毒素污染稻米,人畜食用后,可造成中毒,严重危害人畜健康。

(2)稻曲病发病条件

不同品种对稻曲病的抗性有明显的差异,从抽穗后至成熟期均能发生稻曲病,其中孕穗期最易感病。气候条件是影响稻曲病发育、感染的重要因素,特别是降雨量和温度。在水稻孕穗至抽穗期,由于高温多湿,病菌最宜发育;长期低温寡照多雨可减弱水稻的抗病性。另外,化肥(特别是氮肥)用量增加,水稻抽穗后生长过于繁茂嫩绿,稻曲病易加重发生。

2.稻曲病的综合防治措施

(1)选用高产抗病品种

一般来说,散穗型、早熟品种发病较轻,密穗型、晚熟品种发病较重。

(2)选用无病种子,做好种子处理

播种前结合盐水选种,淘汰病粒,用 57 ℃温水进行温汤浸种 10 分钟后,洗干净催芽播种;或用生石灰 0.5 千克加水 50 千克,浸稻种 30~35 千克(可与恶苗病防治相结合),浸种时间一般为 15~20 ℃条件下 4~5 天,石灰水应高于稻种,使稻种始终淹在水层下。

(3)减少田间菌源

早期发现病粒应及时摘除,重病地块收获后进行深翻,以便菌核和曲球在土中腐烂。春季播种前,清理田间杂物,减少菌源。

(4)合理施肥

适量施用化肥,防止过多过迟施用氮肥,氮、磷、钾肥配合施用,氮肥采取基、蘖、穗肥各 1/3,不要过多施用穗肥。

(5)药剂防治

以水稻抽穗前 7~10 天为宜。如预测当年为稻曲病流行年,可于破口初期,每亩用 12.5%纹霉清水剂 400~500 毫升,或 12.5%克纹霉水剂 300~

450 毫升，或 5%井冈霉素水剂 400~500 毫升，或 15%铬氨铜水剂 233~333 毫升，或24%腈苯唑悬浮剂 15~20 毫升，或 15%三唑醇可湿性粉剂 60~70 克，或43%戊唑醇悬浮剂 10~15 毫升，或 75%肟菌酯·戊唑醇 10~15 克，对水喷施。若为一般发生年，上述生物药剂纹霉清、克纹霉、井冈霉素可减至每亩 300 毫升，对水喷施。

五 稻粒黑粉病

稻粒黑粉病是由水稻稻粒黑粉病病原真菌引起的谷粒病害。稻粒黑粉病，也称稻墨黑穗病，在我国大多数省区均有分布。此病过去仅零星发生，很少造成危害，但自 20 世纪 70 年代后期以来，发生日趋普遍，特别是杂交稻制种田的不育系受害尤为严重：病穗率一般为 60%~80%，病粒率一般为 10%~30%，严重的在 50%以上，严重影响了制种繁殖产量和种子质量，对种子生产构成一定威胁。稻粒黑粉病还严重影响稻米品质。

1.稻粒黑粉病的症状

此病发生在稻穗上，仅危害谷粒，其症状参见图 5-9、图 5-10。谷粒受害的早期与健粒无异，到近黄熟时症状才较明显。主要特征是病谷米粒全部或部分被破坏，变成黑粉。症状表现有三种类型。

（1）病谷不变色，在外颖背线基部近护颖处裂开，伸出白色舌状物，裂口近旁常黏附着散出的黑粉。

（2）病谷不变色，在颖壳合缝处裂开，露出黑色角状物。破裂后，散出黑粉。

（3）谷粒变暗绿色或暗黄色，不裂开，似青秕粒，手捏之有松软感，浸泡于水中即显黑色，不同于健粒。

图 5-9　稻粒黑粉病危害穗部症状

2.稻粒黑粉病发病条件

（1）菌源量

带菌种子是新病区的初侵染来

源，其远距离调运是病区扩大的主要原因。种子带菌主要通过污染土壤来加重发病。在病区，田间发病程度与土壤含菌量成正相关，即土壤菌源量愈大发病愈重。施用未腐熟有机肥，特别是带有病稻壳、病谷的堆肥，或连茬种植，都有利于土壤菌源增加或积累，因而均可加重发病。

（2）品种

据调查，不同品种发病差异极显著。一般来说，籼稻发病重于粳稻，粳稻重于糯稻；杂交稻发病重于常规稻。杂交稻制种田母本（不育系）发病最重，如母本“V41A”“珍汕97A”“培矮64S”等病穗率为60%~100%，病粒率一般为10%~40%，最高在90%以上。

图5-10　稻粒黑粉病危害谷粒症状

（3）气候条件

水稻抽穗扬花期间最易感病，如果这一时期空气湿度大，阴雨天多，有利于孢子萌发侵入。

（4）栽培管理措施

氮肥施用偏多偏迟，植株生长过旺，既增加田间湿度，又降低植株抗病力，易诱发病害。抽穗期灌深水，可使厚垣孢子缺氧而死，有抑制此病扩散的作用。此外，地势低洼、环境郁闭、光照不足的田块发病也较重。

3.稻粒黑粉病的防治措施

防治此病应采取以农业防治为基础、花期喷药保护为必要手段的综合防治对策。

(1)农业防治

选用无病种子,防止种子传病。无病区要避免从病区调运种子;病区应在无病田留种,防止种子带菌传病。

处理种子,减少侵染来源。如果种子带菌,要进行种子处理。一种方法是用10%盐水选种,可以汰除95%以上的病粒。操作时,液面应高出种子面20厘米以上,并要迅速、充分地将种子上下翻搅,随即捞除漂浮在水面上的病秕粒。漂选完毕,立即用清水将种子洗净,然后浸种、催芽。另一种方法是种子消毒,可用强氯精300~500倍液浸种12小时,或用浸种灵5 000倍液浸种。

实行轮作,压低土壤菌源量。要尽可能避免制种田过分集中和多年连作,重病田实行2年以上轮作。病田收获后要进行深耕,将土表病菌埋入土壤。粪肥要充分腐熟后施用,防止肥料带菌入田,以压低土壤中菌源量。

适期播种,协调花期相遇。杂交稻制种田要通过调整播种期,调节抽穗扬花期,使之避开低温阴雨天气,同时结合使用调节激素如“九二〇”等,使父母本花期相遇,以缩短感病期,减少发病。

合理施肥,增强植株抗性。增施磷、钾肥,避免氮肥施用过多过迟。

(2)药剂防治

一般大田抓住适期防治1次即可,杂交稻制种田、高感品种(组合)则需防治2~3次。防治适期,用药1次在盛花期;用药2次则第一次掌握在盛花始期,隔2~3天再用第2次。如在盛花始期、盛花期、盛花末期或灌浆初期各治1次,则效果更好。施药时要严格掌握用药量和用水量。用药量和用水量过大或过小均影响结实率或防病保产效果。

常用药剂及用量:每亩用三唑酮20%乳剂100~125毫升,或粉锈宁25%可湿性粉剂75~100克,或灭病威40%胶悬剂200毫升,或多菌灵50%可湿性粉剂100克,或复配剂灭黑1号300毫升。

六 水稻白叶枯病

水稻白叶枯病是由水稻白叶枯病病原细菌侵害叶片而引起的水稻叶面病害,其症状参见图5-11、图5-12。

1.水稻白叶枯病病害症状

由于环境条件和水稻品种抗病性的差异，水稻白叶枯病可以表现为三种类型的症状，它们分别是叶枯型、凋萎型和黄叶型，其中叶枯型还可细分为普通型和急性型。

图 5-11　白叶枯病危害田间表现　　图 5-12　白叶枯病危害叶片症状

（1）叶枯型

普通型：普通型是典型的白叶枯病症状，也最为常见，主要发生在叶片上。病害大多从叶尖或叶缘开始，先产生黄绿色或暗绿色的水渍状条纹斑点，以后沿叶缘或中脉发展成为波纹状斑，病部和健部分界线明显，几天以后病斑变成灰色或枯黄色。在雨后的傍晚和清晨有露水时，病叶上病部或未出现病斑的叶缘上可见蜜黄色的珠状菌脓，干燥后变硬，呈粒状或薄片状。

急性型：当环境条件极有利于病害发生时，易感品种的发病叶片产生暗绿色病斑，病斑迅速扩展，使全叶呈青灰色或灰绿色，似开水烫过。

（2）凋萎型

此型症状主要发生在秧田后期和移栽后返青分蘖期。病株心叶或心叶下第一片叶呈现失水、青卷，最后呈枯萎状，随后其他叶片相继青萎，常引起缺苑或死丛现象。折断病株茎基部并用力挤压，可见大量黄色菌脓涌出;剥开刚青卷的心叶,常发现叶面有黄色珠状菌脓,偶有褐色不透光的短条斑。根据以上特点以及病株茎部没有虫蛀孔,可与螟虫引起的枯心相区别。

(3)黄叶型

这类病状发生在热带地区稻田,多见于成株上的心叶,病叶呈淡黄至青黄色,而较老的叶片仍呈正常绿色。在病叶上,一般检查不到病原细菌,但在感染的叶片下方的节间及假茎部存在大量病菌。

2.白叶枯病的发病条件

白叶枯病的发生、流行与气候、肥水管理、品种等都有密切关系,尤其与水的关系极为密切。

(1)气候

高温高湿、多雾和台风暴雨的侵袭都能引起病害严重发生。最适宜于白叶枯病菌发病的温度是26~30 ℃,当气温高于33 ℃或低于17 ℃时病害发展受到抑制。由于病菌的侵染和传播与风雨、洪涝、露雾等都有关系,因此,不同年份降雨量的多少和空气湿度的高低,是决定发病轻重的主要因素。

(2)肥水管理

凡灌深水或稻株受淹,发病就重,尤以拔节期以后更加明显。淹浸时间越长、次数越多,则病害越重。偏施氮肥,尤其是氮素化肥都有助长发病的作用;追肥过迟、过多,稻株生长过旺的田块,病害往往也重。

(3)品种

一般抗性品种对白叶枯病有较好的抗性,感病的品种易发生白叶枯病。

3.白叶枯病的综合防治措施

防治白叶枯病应以推广种植抗病良种为基础,切实抓好清除菌源的工作,以秧田防治为重点,合理进行肥水管理,加强预测预报,及时施药,才能收到良好的防治效果,达到丰产增收的目的。

(1)推广抗病品种

推广抗病品种是防治白叶枯病最经济、易行、安全而有效的措施。

2000年以来，育种家将野生稻中抗白叶枯病基因导入水稻品种中，育成一批抗谱广、抗性持久的品种并加以推广，使近年白叶枯病的流行程度明显变轻。

（2）杜绝菌源

选择无菌种子：选择无病或病轻田块选留稻种，以减少种子上的带菌量，减轻病害的发生。

药剂浸种：去杂，选留籽粒饱满、发育充分的优质种子，播种前进行药剂浸种。药剂浸种主要采用三氯异氰尿酸（强氯精）300倍液浸种，先清水预浸12小时，后药水浸，早稻浸24小时，晚稻浸12小时；10%叶枯宁200倍液，浸种24~48小时。此外，药剂缺乏时可用1%石灰水浸种，早、中稻浸2~3天，晚稻浸1~2天。浸种水面要高出种子3厘米左右，使种谷始终浸没在石灰水中，不要搅动，并加盖避免阳光直射。

（3）加强栽培管理

施肥要注意氮、磷、钾的配合，基肥应以有机肥为主，后期慎用氮肥；绿肥或其他有机肥过多的田，可施用适量石灰和草木灰。要浅水勤灌，适时适度搁田，严防秧苗淹水。铲除田边杂草。这些都有减轻发病的作用。

（4）药剂防治

根据预测预报结果，或在系统调查发现田间发病中心后，要及时用药防治。防治白叶枯病药剂：每亩用20%叶枯唑（噻枯唑、敌枯宁、叶枯宁）可湿性粉剂100~125克（兼治细菌性条斑病），或20%噻菌酮悬浮剂100~130毫升（兼治细菌性条斑病），或36%三氯异氰尿酸（强氯精）可湿性粉剂60~90克，或50%氯溴异氰尿酸（消菌灵）可溶性粉剂22~60克，或1.8%辛菌胺醋酸盐（菌毒清）水剂460~700毫升，对水喷雾。

用药次数可根据病情发展，每隔5~7天，连续施药1~3次。为了延缓病菌抗药性的发展，对药剂要进行合理轮换使用，以延长药剂的使用寿命和确保它们的防治效果。

七 水稻细菌性条斑病

水稻细菌性条斑病简称“细条病”，是由水稻黄单胞杆菌致病变种侵染引起的一种细菌性病害。该病菌是我国重要的植物检疫对象，目前不仅在沿海省份，而且在江苏、安徽、湖南、湖北等省局部地区都有发生。此病在水稻整个生育期皆发生，但以孕穗至抽穗始期发生危害最大，植株功能叶染病焦枯，严重影响结实。一般减产 10%~20%，严重的减产 40%~50%。粳稻通常较抗病，而籼稻品种大多感病，受害严重。一般籼型杂交稻比常规稻易感病，矮秆品种比高秆品种易感病，晚稻比早稻易感病。对白叶枯病抗性好的品种大多也抗细菌性条斑病。

1.细菌性条斑病危害症状

细菌性条斑病主要危害水稻叶片，有时也危害叶鞘，参见图 5-13、图 5-14。病斑发生在叶脉间，呈线状，笔直，长度数毫米至数十毫米，宽 0.2~0.5 毫米。病斑初为暗绿色水渍状小斑，很快在叶脉间扩展为暗绿至黄褐色的细条斑，扩展后受叶脉限制，和叶脉平行发生，病斑两端呈浸润型绿

图 5-13　细菌性条斑病危害田间表现

图 5-14　细菌性条斑病危害叶片症状

色。病斑上常溢出大量串珠状黄色菌脓，干后呈胶状小粒，紧紧黏附在条斑上，不易脱落。发病严重时稻叶呈黄褐至红褐色枯焦状，远看一片火红。条斑融合成不规则黄褐至枯白大斑，与白叶枯病症状类似，但对光看可见许多半透明条斑。病情严重时叶片卷曲，田间呈现一片黄白色。

2.传播途径

病田收获的种子、病残株都带病菌，可成为下季初侵染的主要来源。病粒播种后，病菌侵害幼苗的芽鞘和叶梢，插秧时又将病秧带入本田，病菌主要通过气孔侵染。在夜间潮湿条件下，病斑表面溢出菌脓，干燥后成为小的黄色珠状物，可借风、雨、露水、泌水叶片接触和昆虫等蔓延传播，也可通过灌溉水和雨水传到其他田块。远距离传播通过种子调运。

3.发病条件

高温、高湿、多雨是病害流行的主要条件，特别是台风、暴雨频发的年份。台风、暴雨使水稻植株出现伤口，病害容易流行。偏施氮肥或使用氮肥偏迟有利于病害发生甚至加重发病。水稻整个生育期都可发生病害，但以分蘖期至抽穗期最易感染。沿江、沿河的低洼稻田灌水过深也会加重发病。

4.防治方法

（1）加强检疫

把水稻细菌性条斑病菌列入检疫对象，防止调运带菌种子致远距离传播。实施产地检疫，对制种田在孕穗期做一次认真的田间检查，可判断种子是否带菌。严格禁止从疫情发生区调种、换种。

（2）品种选择

选用抗（耐）病杂交稻。

（3）种子消毒处理

对可疑稻种采用温汤浸种的办法，将稻种在 50 ℃温水中预热 3 分钟，然后放入 55 ℃温水中浸泡 10 分钟，其间至少翻动或搅拌3 次。处理后立即取出放入冷水中降温，可有效地杀死种子上的病菌。

（4）栽培措施

避免偏施、迟施氮肥，配合磷、钾肥，采用配方施肥技术。忌灌串水或深水。

(5)药剂防治

苗期或大田稻叶上看到有条斑出现时,应该立即喷药防治,秧田四、五叶期和移栽前4~5天各施药1次,如遇暴风雨或水淹秧田,雨过排水后要立即施药1次。本田在发病及齐穗期各施1次,间隔7~10天再施药1次。

常用的杀菌农药剂量为:每亩用20%叶枯唑(又名噻枯唑、叶枯宁)可湿性粉剂100~125克,或20%噻唑锌悬浮剂100~125毫升,或20%噻菌酮悬浮剂125~160毫升,或36%三氯异氰尿酸(强氯精)可湿性粉剂60~90克,或50%氯溴异氰尿酸可溶粉剂50~60克,对水喷施。防治方法同白叶枯病防治。

八 水稻条纹叶枯病

该病是由灰飞虱传播的一种病毒病,其危害表现见图5-15、图5-16。水稻播种后,灰飞虱在病麦上吸毒后再传到水稻秧苗上。发病轻重或流行与否主要取决于灰飞虱发生数量、带毒率、感病品种种植面积和气候条件等因素。毒源的多少,主要看越冬作物(大麦、小麦)条纹叶枯病发生的轻重。若冬春季灰飞虱成活率高、繁殖数量大,则传毒的概率就高。粳稻较籼稻易感病,秧苗期和本田分蘖期较易感病。因此,应采取以防治灰飞虱为主的综合防治措施。

1.品种选择

推广优质抗条纹叶枯病品种,提倡连片种植,减少插花田。

图5-15　条纹叶枯病危害田间表现

图5-16　条纹叶枯病危害叶片症状

2.适当推迟水稻播栽期

通过推迟播栽期避开灰飞虱迁移高峰期,可减轻秧田的药剂防治压力,如安徽江淮中南部、沿江江南等有条件的地区通过推迟播栽期,常规水育秧于5月20日前后播种,避开灰飞虱成虫迁入高峰,可显著减轻病害发生程度。

3.推广肥床旱育秧技术和设施防虫育秧技术

(1)加强肥水管理,促进植株健壮。由于灰飞虱具趋水趋嫩绿性,秧苗旱育,植株健壮,灰飞虱迁入量明显比水育秧田少,因此要加强肥水管理,促进水稻健株分蘖,提高秧苗抗病能力。

(2)铲除田边杂草,减少毒源。

(3)采用人工设施,用防虫网、布隔离育秧;或用防虫网隔离,进行工厂化育秧,能有效阻止灰飞虱传毒。

4.坚持"防治秧田期、保护本田期,防治早稻田、保护晚稻田"原则

重点做好药剂浸种工作,使用吡虫啉等有效药剂浸种,压低秧田灰飞虱虫量,减轻发病率。同时应掌握在5月底灰飞虱迁入秧田高峰期、6月上旬二代孵化高峰期,每亩用25%比蚜酮可湿性粉剂20克,或20%异丙威乳油150~200毫升,对水喷施。另外对秧田周围50米范围内的田块一并喷药防治,减少虫口基数。大田每亩可用50%氯溴异氰尿酸可溶性粉剂60克,对水30千克喷雾进行防治。

第三节 水稻主要虫害及其防治技术

危害水稻的害虫很多,常见而又危害严重的有稻飞虱、二化螟、稻纵卷叶螟、稻蓟马、大螟、三化螟、稻苞虫、叶蝉、稻椿象、稻蝗、黏虫、铁甲虫、斜纹夜盗蛾、稻摇蚊、潜叶蝇、稻螟蛉、负泥虫等。

一 稻飞虱

以褐飞虱为主的稻飞虱综合防治措施主要有抗虫品种选用、生物防

治、栽培措施以及药剂防治等。

1.选用抗虫品种

稻飞虱是水稻上的重要害虫，有一批经抗源杂交培育出的抗虫品种，可选用适合当地的抗虫品种种植。株型优良的品种由于通风透光性好，稻飞虱带来的危害较轻或没有危害。

2.生物防治

（1）保护稻田天敌

稻飞虱在稻田中能被许多天敌捕食或寄生，天敌对抑制稻飞虱的发生可以起到一定作用。如各种蜘蛛、青蛙捕食稻飞虱成虫、若虫，黑肩绿盲蝽吸食稻飞虱卵，稻虱缨小蜂寄生于稻飞虱卵，螯蜂寄生于稻飞虱若虫。

在使用农药时，要注意选择对天敌杀伤力小的中、低毒农药品种，尤其在水稻前期要尽量不使用或少使用农药，以减少对天敌的杀伤。

（2）稻田养鸭

根据稻田虫害情况，掌握在稻飞虱、叶蝉若虫盛发期以及螟虫、稻纵卷叶螟成虫始发期至盛发期在稻田放鸭防治，不仅对稻飞虱有显著的控制效果，而且由于鸭子的践踏，稻田中杂草也极少，收到了治虫除草的双重效应。

3.栽培措施防治

合理密植，浅水灌溉，适时烤田，不偏施氮肥，通过肥水调控，优化植株形态，提高群体内部通风透光性，降低稻田湿度等栽培措施，可降低稻飞虱的繁殖系数。

4.药剂防治

由于稻飞虱的发生面积大，危害程度重，因此要做好虫情调查，使用选择性农药，仍是当前防治的主要措施。在每百丛水稻有虫 1 000 头以上时开始施药。每亩用 25%吡蚜酮悬浮剂 20~24 克，或用 25%扑虱灵粉剂 30 克，或用 25%噻虫嗪水分散剂 2 克，或用 10%烯啶虫胺可溶粒剂 2~4克，对水喷施。一般发生年在主害代时每亩用 1%灭虫清（阿维菌素）悬浮剂 40~50 毫升防治，防治适期为低龄若虫盛期。

二 稻纵卷叶螟

1.稻纵卷叶螟及其生活习性

稻纵卷叶螟又名刮青虫、白叶青、苞叶虫。成虫喜群集在生长嫩绿、荫蔽、湿度大的稻田或生长茂密的草丛间,夜间活动,有一定的趋光性,对金属卤素灯趋性较强。喜在插秧密度大、植株嫩绿的田块产卵,多散产在植株上部1~3个叶片上,并以剑叶下的叶片卵量最高,且叶背多于叶面,少数产在叶鞘上,多为一处一卵。幼虫先在心叶及其附近取食,二龄后开始吐丝,把叶片纵卷成筒状虫苞,在内部啃食叶肉,只剩下虫苞外表的一层表皮,形成白色条斑。幼虫机敏活泼,一触即跳,并能迅速后退,能转叶为害,一生能结苞4~5个。如遇阴雨或惊扰时,转苞次数增加,危害加重。幼虫有背光性,因此多在傍晚或夜间转移。老熟幼虫主要在距离地面7~10厘米处叶鞘内、枯黄叶片上或稻丛基部及老虫苞内化蛹。水稻受害后千粒重降低,空瘪率增加,生育期推迟,一般减产二至三成,重的在五成以上,大发生时稻田一片枯白,甚至颗粒无收。

2.稻纵卷叶螟防治措施

二代稻纵卷叶螟是水稻一生中发生数量最高、危害最重的一代,须重点防治。稻纵卷叶螟的防治应以农业防治为基础,合理使用农药,协调化学防治与保护利用自然天敌的矛盾,将幼虫的危害控制在经济允许水平之下。

(1)农业防治

选用抗(耐)虫的良种:在高产、优质的前提下,应选择叶片厚硬、主脉紧实的品种类型,使低龄幼虫卷叶困难,成活率低,达到减轻危害的目的。

合理施肥:促使水稻生长发育健壮、整齐,适期成熟,提高水稻本身的耐虫能力,以缩短危害期。

科学管水:适当调节搁田时期,降低幼虫孵化期的田间湿度,或在化蛹高峰期灌深水2~3天,都有一定的防治效果。

消灭越冬虫源:在冬季和早春结合积肥、治螟,清除田块内的稻桩以及田边的杂草，沤制堆肥，以消灭越冬虫源。

（2）生物防治

保护自然天敌：在调查的基础上，协调药剂防治时间、药剂种类和施药方法。如按常规时间用药，对天敌杀伤大时，应提早或推迟施药；如虫量虽已达到防治指标，但天敌寄生率很高，也可不用药防治。在选择施药种类和施药方法时，还应尽量注意采用不杀伤或少杀伤天敌的种类和方法以保护自然天敌。

释放赤眼蜂：从发蛾始盛期开始到蛾量自高峰下降后为止，每隔2~3天释放一次，连放 3~5 次。放蜂量根据稻纵卷叶螟的卵量而定，每丛有卵5 粒以下，每次每亩放 1 万头左右；每丛有卵10 粒左右，每次每亩放3万~5 万头。

以菌治虫：施用生物农药杀螟杆菌、青虫菌或苏云金杆菌 HD-1 菌剂（每克菌粉含活孢子 100 亿以上），每亩用 150~200 克，加 0.1%洗衣粉或茶子饼粉做湿润剂，对水 60~75 千克喷雾，若再加入少量化学农药（约为农药常用量的 5%），则可提高防治效果。

（3）药剂防治

水稻分蘖期和长穗期易受稻纵卷叶螟危害，尤其是长穗期损失更大。在发生的主害代二龄幼虫盛期（即大量叶尖被卷时期）使用药剂防治较为恰当，尤其是一些生长嫩绿的稻田，更应作为防治对象田。药剂防治应狠治水稻长穗期危害世代，不放松分蘖期危害严重的世代，采取“狠治二代、巧治三代、挑治四代”的综合防治措施，一般年份防治只需施药一次，即可达到消灾保产的目的。三、四代幼虫视发生情况结合其他病虫兼治。

幼虫三龄前是药剂防治的最好时机，每亩可用 51%“稻农 1 号”可湿性粉剂 50 克，或 1%灭虫清悬浮剂 40~50 毫升，或 0.36%苦参碱水剂60~70 毫升，或 46%特杀螟可湿性粉剂 50~60 克，对水 35 千克喷雾。

一般傍晚及早晨露水未干时施药的效果较好，晚间施药效果更好，阴天和细雨天全天均可施用。在防治失时或漏治、幼虫已达四至五龄的情况下，选用触杀性较强的药剂及时补治。在施药前先用竹帚猛扫虫苞，使虫苞散开，促使幼虫受惊外出，然后施药，可提高防治效果。施药期间应灌浅水 3~6 厘米，保持 3~4 天。在搁田或已播绿肥不能灌水时，药液应适当增加。

三 二化螟

1.二化螟的生活习性和危害特点

二化螟是我国南岭以北稻区水稻主要害虫，尤其是长江流域稻区发生严重。一年发生 3~4 代，以幼虫在稻桩、稻草、茭白桩内越冬。

在种植稻品种一致的地区，如免耕田、小麦田多的地区，越冬虫源就多，主要是第一代发生严重。如果一个地区插花种植，生长发育不一致，第二代发生危害也会很严重。越冬幼虫抗寒力强，在越冬期间如遇环境不适宜，亦可爬行转移，还可危害小麦和其他杂草。若春季 4 月份化蛹期雨水多，则死亡率增大。

2.二化螟的生物防治措施

（1）消灭越冬虫源

通过耕翻种植或浅旋耕灭茬，减少稻桩残留量，清理稻草，铲除田边、沟边的茭白、杂草，以减少虫源，破坏螟虫越冬场所，降低螟虫越冬成活率。

（2）更新水稻品种

压缩或淘汰少数特别感虫的品种，以减轻化学防治压力和减少发生基数。

（3）肥床旱育

与水育秧相比，肥床旱育秧田二化螟的落卵量低，大田受害轻。

（4）淹水灭蛹

因二化螟初孵虫危害水稻叶鞘，因此迟熟冬作田、草籽留种田在化蛹期淹水 3.5~6.5 厘米，可将大部分蛹淹死。或在第一、第二代幼虫老熟期放干田水，让幼虫钻入根际化蛹，化蛹后再淹深水 3 天，可将大部分蛹淹死，杀虫效果在 90%以上。

(5)适期迟播避螟

长江中下游的沿江及江南稻区的单季稻,可适当推迟播种期至5月20日前后,使易落卵的水稻苗期避开一代螟虫产卵盛期,降低秧田落卵量,减少一代螟虫的发生量和全年发生基数,达到避螟的目的。

3.二化螟的物理防治措施

用频振式杀虫灯或性引诱剂诱杀成虫,以减少田间虫量及卵量。频振式杀虫灯利用昆虫的趋光性诱杀成虫,一盏灯可控制50亩稻田,降低落卵量70%左右。性引诱剂是利用昆虫性信息素诱杀成虫,水盆诱捕器的盆口高度始终保持高出稻株20厘米,诱芯离水面0.5~1厘米,水中加入0.3%洗衣粉,傍晚加水至水位控制口,每10天更换一次盆中清水和洗衣粉,每20~30天更换一次诱芯。

4.药剂防治

(1)防治策略

坚持“狠治一代,普治二代”的防治策略。一代以压低基数为目标,秧田集中防治,防效明显;二代以控制危害为目标,保产夺丰收。要掌握虫情,保证在卵孵化高峰期施药。

(2)选准药剂,保证防效

要根据不同地区、不同代次因地制宜选择药剂,尽量减少用药次数和用量,做到轮换用药,降低抗药性,选择低毒和生物农药。

药剂每亩用200克/升氯虫苯甲酰胺悬浮剂5~10毫升;或50%杀螟丹可湿性粉剂75~100克,防治二化螟,可兼治稻纵卷叶螟和三化螟。生物农药苏特灵,于卵孵、低龄高峰前用药,每亩用51%“稻农1号”可湿性粉剂50克,或46%“特杀螟”可湿性粉剂60克,对水35千克喷施。

(3)正确施药,发挥药效

防治二代二化螟使用大水泼浇和粗喷雾的施药方式优于细喷雾和弥雾,在枯鞘期用药剂防治。在卵孵化盛期对每亩卵量50枚以上田块及时进行喷药防治,防枯心、枯鞘可在蚁螟期(卵孵化盛期)用药。防白穗可在水稻破口初期(破口10%左右)用药。虫量大发生时,需在用药后5~7天进行第二次防治。

四 稻蓟马

1.稻蓟马的识别

蓟马一生要经过成虫、卵、若虫三个虫态；若虫共四龄，三、四龄若虫有翅芽，不取食，称为前蛹和蛹。

（1）稻蓟马

成虫体长1.2~1.3毫米，黑褐色。卵呈肾脏形，散产于叶脉间表皮下，用眼直接检查稻叶，只能见到针头大小的白色圆点，对光透视，为乳黄色，半透明状，边缘清晰；孵化后，卵痕轮廓不清晰，为白色透明状。若虫初孵时为乳白色；二龄若虫体色乳白到淡黄，腹内可透见绿色食物，无单眼和翅芽；三龄若虫有较短的翅芽，触角有时向两边分开；四龄若虫触角折向头与前脑背面，翅芽伸长达腹部第七节，出现3个单眼。

（2）稻管蓟马

成虫体长2毫米，黑褐色，腹部末端管状。卵呈白色，短椭圆形，后期稍带黄色，似透明状，产于植物组织表面或颖壳间。若虫身体淡黄色或橘黄色。

2.稻蓟马的发生规律

稻蓟马在长江流域一般一年发生12代左右，以成虫越冬；越冬寄主有早熟禾、李氏禾、巴根藤、茭白、慈姑、小麦、大麦、元麦、看麦娘等。稻蓟马有较强的趋嫩绿性，常喜在嫩绿的稻苗上产卵。开始在二叶期稻苗上产卵，三叶期卵量突增，以三至五叶期卵虫量最多，十叶以后，组织老健，卵量明显下降。分蘖期的稻株心叶下第一、二叶，特别是第二叶上产卵最多；圆秆后，以第一叶产卵最多。被害叶叶尖枯黄卷缩，渐而全叶枯焦，严重时，成片秧田枯死。在穗期还会潜入颖壳危害，造成瘪谷，影响稻米品质。

3.稻蓟马的防治

（1）药剂防治原则

稻蓟马的防治，应根据苗情、虫情主攻若虫，药打盛孵，但对杂交稻的秧田、大田和后季稻秧田则以药打成虫盛发期为宜。秧田一般在卷叶率为10%~15%，百丛总虫量为100~200头时，即进行防治。

(2)药剂防治

在若虫盛发期，每亩用10%吡虫啉可湿性粉剂或啶虫脒10%可湿性粉剂15~20克，加水35千克喷施。

第四节　稻田杂草及其防除技术

一 稻田中常见的杂草种类

稻田杂草种类很多，其中发生量较大、危害水稻较重的有稗草、牛毛毡、鸭舌草、三棱草、眼子菜、千金子、芦苇、日照飘拂草、萤蔺、碱草、野慈姑、紫萍、三方草、节节菜、泽泻、水马齿苋等20多种。

二 稻田化学除草的基本要求

1.施药要领

我国稻田面积大，杂草种类繁多，危害严重，水稻栽培技术复杂，水肥管理工作繁重，给稻田化学除草技术的应用带来一些特殊的需求。稻田化学除草的施药要领可概括为“精、匀、准、看”。

(1)精。即管理要“精”，土块整理要精细，田面要平整，管水要精心。

(2)匀。就是要做到配药和施药均匀，避免漏喷和重喷，重喷易造成局部药量过多而产生药害。

(3)准。即选用药剂品种要准，做到对症下药；用药量要准，不可随意增加用药量，量准田块面积，称准药量；用药时间要准，切忌误期错用。

(4)看。即看草情对症选药，看苗情安全用药，看土质、看气候，因地制宜、灵活掌握使用除草技术。

2.除草策略

(1)根据水稻不同耕作制度和栽培方式制定防除杂草策略

水稻耕作制度有单季稻、双季稻、旱稻，栽培方式有移栽(包括秧田、本田)、抛秧、直播(水直播、旱直播、旱播水管直播)等。在防治策略上应针对不同的栽培方式，制定防除措施。如移栽稻田，既要防治秧田杂草，又要防治本田杂草；直播稻田，既要重视前期杂草的防治，又要注意后期杂草的补杀。

（2）根据杂草类别制定除草策略

稻田杂草是混生的，往往形成杂草群落，其一般由 1~2 种主要危害杂草伴随着另外几种不同危害程度的杂草组成。在防除策略上，要针对主要杂草群落，既要防除主要危害杂草，又要注意兼治其他杂草。

（3）稻田耕作和管理要精细

水稻田施药对水分供需条件要求较高，如果不能保持一定的水层和时间，将影响药效，但低洼水过深将产生药害。所以田块整地质量要精细，田面要平整，土块大小要适中，施药前后灌溉保水层要适宜，排灌要畅通，这对直播稻田更显重要。

三 水稻秧田杂草防除技术

秧田中的杂草主要有稗草、千金子、牛毛毡、节节菜、矮慈姑等。稗草、千金子、牛毛毡等，一般在播后 5~7 天陆续发生，播后 10 天左右可以达到出草高峰，播后 25~32 天停止出草。而秧田中的扁秆藨草、眼子菜等杂草则比稗草等杂草发生略迟，一般在播后 10 天左右开始发生。由于有些杂草具有地下块茎或根状茎，其上发生的芽和由种子发生的芽在时间上不同步，并且水层和土层要达到一定深度时方能抑制其营养繁殖。要在种子精选的基础上，针对当地秧田常发生的杂草优势种，选择相应的除草剂加以防除。

1.播前土壤处理

在秧板做好后落谷前 2~3 天，每亩用 50%“禾草丹”乳油150~250 毫升，或 12%“噁草灵”（恶草酮、农思它）乳油 100~150 毫升，对水喷雾；或 96%“禾草敌”（禾大壮）乳油 100~180 毫升，拌细潮土 10~15 千克，撒施全田。施药时田间应有浅水层，药后保水 2~3 天，然后排水播种。

2.播后处理

水稻秧田如果出苗后杂草发生多，就要根据苗前化学防除情况及田间杂草发生种类选择用药。用药时田间应灌浅水，并在用药后保水3~4天。常用的药剂可选择下列任何一种施用：

（1）禾草丹（杀草丹、灭草丹）

氨基甲酸酯类除草剂，主要防除稗草、牛毛毡、球花碱草、千金子等，在水稻秧苗一叶一心至二叶一心时，稗草在二叶期以前，每亩用50%“禾草丹”乳油150~250毫升，对水均匀喷雾。用药量随稗草叶龄大小而变化，叶龄小时用量少。“禾草丹”对稗草三叶期之前控制最好。

（2）禾草敌（禾大壮）

主要防除稗草、牛毛毡、球花碱草等。对各种生态型一至四叶期的稗草均有效，高剂量下可控制三至六叶期稗草。在秧苗二叶一心时每亩用96%“禾大壮”乳油100~150毫升，拌细潮土10~15千克，撒施全田。施药时田间要有水层，保水6~7天。当稗草处于四、五叶期时，每亩用药量可增至150~200毫升，并相对加深水层。

（3）丙草胺（扫茀特）

2-氯代乙酰替苯胺类除草剂，是细胞分裂抑制剂，主要防除稗草、千金子、异型莎草、牛毛毡、窄叶泽泻、水苋菜、鸭舌草、萤蔺、繁缕等杂草。在秧田应用于播种后2~4天，每亩用30%丙草胺乳油75~125毫升，对水或混细土进行处理。应当注意的是，播种的稻谷必须是催芽稻谷，播种后根芽正常，种子根能及时扎入土壤中，忌有芽无根。

（4）苄嘧磺隆（农得时）

磺酰脲类除草剂，是侧链氨基酸合成的抑制剂，主要用于防除鸭舌草、眼子菜、节节菜、野慈姑、牛毛草、异型莎草、水莎草、碎米莎草、萤蔺等一年生和多年生阔叶杂草和莎草科杂草，对稗草有一定的抑制作用。苄嘧磺隆对萌芽至二叶期的杂草均有效。于播后至杂草二叶期，每亩用10%苄嘧磺隆可湿性粉剂15~20克，对水喷雾或混细泥土撒施。如防除多年生阔叶草和莎草科杂草，每亩用量应增加，但不得超过25克。

四 水稻大田杂草防除技术

移栽水稻秧苗多为中、大苗，秧龄一般为六叶左右。移栽大田中杂草发生高峰出现的早迟与田间优势杂草种类有直接关系。一般在移栽前至移栽后10天以稗草和一年生阔叶杂草及莎草科杂草为主；移栽后10~25天，则以异型莎草等多年生莎草科杂草和眼子菜等阔叶杂草为主。

一般移栽稻田杂草无公害防除只进行两次化学除草，其余均采用人工除草。一次是在移栽前每亩用18%“田草绝”（苄乙磺隆）可湿性粉剂25克拌返青肥抛撒。另一次是在移栽后5~7天内，各种杂草的集中萌发期，施药再进行土壤封闭，药剂可选用12%“噁草灵”乳油，每亩100~150毫升；或96%“禾草敌”乳油，每亩150~200毫升，制成药土撒施或配成药液泼浇，并且施药后要保持适当水层5~7天，以免产生药害。

1.移栽前施药处理

在移栽前2~3天，每亩用12%“噁草灵”乳油125~150毫升或50%“杀草丹”乳油100~150毫升，对水喷雾或用药瓶装药，稀释10倍甩施。施药时田间保持浅水层，药后插秧时不排水，保水3~4天。

2.移栽后施药处理

施药大多在移栽后5~7天进行。常用的药剂可以选择以下任何一种：

（1）禾草丹

在移栽后5~7天，每亩用50%“禾草丹”乳油150~250毫升，对水，茎叶喷雾施药或药土法施药1次，主要防除稗草等一年生杂草。施药时田间保持水层3~5厘米，施药后保水7天。

（2）禾草敌

在水稻移栽后3~5天，稗草萌发至二叶一心期时，每亩用96%“禾草敌”100~150毫升，对水，茎叶喷雾施药或药土法撒施1次，主要防除水稻田稗草。

（3）灭草松（苯达松）

触杀型除草剂，在以阔叶草、莎草科杂草为主的稻田施用。在水稻移栽后15~20天，待杂草四叶期前，每亩用25%灭草松水剂300~400毫升，对水30~40千克，均匀喷雾处理杂草茎叶，要求喷药前将田水排干，用药次日灌水。

(4)扑草净(扑灭通)

三嗪类除草剂,可芽前芽后使用,主要防除一年生双子叶和单子叶杂草如眼子菜、四叶萍、鸭舌草等。于水稻移栽后20~25天,田间眼子菜由红转绿时,每亩用50%"扑草净"可湿性粉剂80~120克,拌细土15~20千克,均匀撒施。施药时田间要有浅水层,施药后保水5~7天。用药量不宜过大,施药要均匀,应在田间露水干后或水稻叶部无水的情况下施药,否则易产生药害。

(5)苄嘧磺隆

对大多数一年生和多年生阔叶杂草和莎草科杂草防效较高,对稗草有一定的抑制作用。在水稻移栽后5~7天,每亩用10%"苄嘧磺隆"可湿性粉剂20~30克,混药土均匀撒施或对水茎叶喷雾施药1次,施药后保持3~5厘米浅水层7~10天,不排水,不串水。

(6)吡嘧磺隆(草克星)

磺酰脲类除草剂,用于防除移栽田或直播田阔叶杂草和莎草,对水稻安全,可有效防除泽泻、异型莎草、水莎草、萤蔺、鸭舌草、水芹、节节菜、野慈姑、眼子菜等阔叶杂草和莎草科杂草,对稗草有一定防效,对千金子无效。

水稻移栽、抛秧后3~7天,每亩用10%"吡嘧磺隆"可湿性粉剂15~20克,混药土均匀撒施1次。施药时田间有水层3~5厘米,药后保水5~7天,但水层不可淹没稻苗心叶。

(7)氰氟草酯(千金)

对各种稗草高效,且可兼治千金子、马唐、双穗雀稗、狗尾草、牛筋草等。对水稻安全,可作为后期补救用药。在稗草二至四叶期施药,每亩用100克/升"氰氟草酯"乳油50~70毫升,对水,茎叶喷雾施药1次。施药前排干田水,使杂草茎叶2/3露出水面,施药后1~2天灌水,保持3~5厘米水层5~7天。防治大龄杂草时应适当加大用药量。

第六章 水稻生产逆境防御及避灾减灾技术

第一节 高温灾害

我国长江流域在1959年、1967年、1978年、1994年和2003年共发生五次重大水稻高温热害事件，且近年来频繁发生不同规模的高温热害。2003年是该地区史上最大热害发生年，高温连续发生的次数和程度均刷新了历史纪录，长江流域沿线的中稻受到了严重危害，全国当年稻谷产量降至20年来的最低点，其中安徽省当年受灾达500万亩，损失稻谷128万吨。在南方双季稻区，早稻生长处于低温到高温阶段，6、7月份盛夏高温季节，早稻处于开花灌浆期，因而早稻抽穗、开花和灌浆期易受高温影响。

一 水稻主要生育时期的高温灾害

水稻虽然是喜温作物，但是在水稻各个生育时期，超过水稻生长发育的最适温度水稻也会受害（图6–1、图6–2）。水稻发芽的最适宜温度是28~32 ℃，当超过44 ℃时芽就会被烧死；在育苗期间，当水稻长到2.5叶期时，温度超过25 ℃且连续两天以上，插到本田后早熟品种就会出现早穗现象。在水稻抽穗开花期，如遇到40 ℃以上的高温，花粉就会干枯，造成空壳。

7月下旬至8月上旬是一年中气温最高的季节，经常出现日平均气温高于30 ℃，日最高气温高于35 ℃的高温天气，同时，极端最高气温可达38 ℃以上，相对湿度在70%以下，这种高温天气对水稻抽穗扬花结实都会造成严重的影响。

图 6–1　高温危害结实率症状(1)

图 6–2　高温危害结实率症状(2)

水稻受热害的主要时期是抽穗开花期和灌浆期。抽穗开花期遇35 ℃以上高温,花粉粒内的淀粉会积累不足或不积累,花粉的生活力会减弱甚至死亡,花药不易开裂,散粉力差,授粉不良,造成空粒增加。灌浆期的高温危害主要是造成秕粒增加,粒重减轻。其次为育苗期,育苗期遇35 ℃以上高温热害的主要症状是轻者叶尖像水渍状,重者叶尖全部变白。

二 避灾减灾的技术措施

1.选育耐高温品种

根据 2003 年中稻遇严重高温热害年份的大田表现,不同的品种(组合)之间虽都表现受到高温热害,但受灾程度还是有差异的,如"汕优"系列组合比"特优""协优"系列组合结实率高些,因此生产中必须合理筛选应用抗高温力较强的品种。早稻亦可选用抗高温力较强的品种同早熟高产品种合理搭配,利用抗高温力较强的品种减少对灌浆结实的伤害,利用早熟高产品种避开高温季节,以取得大面积平衡增产。

2.选择适宜的播栽期,调节开花期,避开高温

在南方稻区,要将一季中稻的最佳抽穗扬花期安排在 8 月中旬末,以有效避开 7 月下旬至 8 月上旬存在的常发性的高温伏旱天气,这是优质

化栽培的核心技术。以此为依据，再根据茬口、品种的类型和生育期安排播种期。宜将目前的4月上中旬播种推迟到4月底至5月上旬播种。对于易旱地区，推迟播种后要在灌溉用水等管理措施上予以配套，统筹调度。对于双季早稻，要适时早播早栽，采取薄膜覆盖保温旱育壮秧，使早稻6月底至7月初抽穗，在高温到来之前渡过乳熟前期，7月下旬高温到来时已黄熟收割。

3.采用科学管理和应急措施，减轻高温危害和损失

当水稻处于抽穗开花等对高温敏感时期，如遇35 ℃以上高温天气有可能形成热害时，可及时采取措施，以提高结实率，减轻损失。

（1）田间灌深水以降低穗层温度

据上海市气象局试验，当穗周围气温为32.7 ℃，相对湿度为71%时，灌8厘米水层后，穗部周围气温降为31.2 ℃，相对湿度增至83%。有条件的可采用日灌夜排，或实行长流水灌溉，亦可降温增湿。

（2）有条件的地方喷水降温

采用机动喷水或喷灌技术，能使穗层温度下降1~2 ℃，相对湿度增加10%~15%。一次喷水的降温效果只能维持2小时左右，可以根据天气情况采用多次喷水的办法，但喷水应避开花时。

（3）叶面喷施磷、钾肥

根据天气预测，提前采用3%的过磷酸钙或0.2%的磷酸二氢钾溶液进行喷雾，可增强稻株对高温的抗性，有减轻高温伤害的效果。

（4）蓄养再生稻

根据不同地区不同的受灾程度，因地制宜蓄养再生稻是一种有效的补救措施。通过田间调查，结实率在10%以下，预计亩产量不足100千克的，可采取蓄养再生稻来降低损失。蓄养再生稻应选择绝收但稻株生长尚正常的田块。通过加强田间肥水管理和病虫害防治，促进再生芽萌发，继而抽穗灌浆结实，一般亦能获得200~250千克/亩的产量。

4.加强受灾田块的后期管理

对于普遍受灾但未绝收的田块要切实加强后期的田间管理。通过有效的田间管理可显著地减少秕粒、增加粒重而获得较好的收成。

(1)坚持浅水湿润灌溉

防止夹秋旱使灾害进一步加剧，因为高温热害常与干旱交织在一起。后期切忌断水过早,以收获前 7 天断水为宜,不仅能提高产量也可保证米质。

(2)加强病虫害的防治

特别是稻纵卷叶螟、稻飞虱和白叶枯病、稻曲病、纹枯病的药剂防治。

(3)追肥

对孕穗期受热害的轻灾田块,还应在破口期前后补追一次粒肥。可亩施尿素 2~3 千克,也可叶面喷施磷、钾肥和植物生长调节剂,以提高结实率和粒重。

(4)适期收割,精打细收

稻谷成熟度为 90%~95%时,抢晴收获。边割边脱或机械收获,降低收获过程中稻谷损失率。

第二节 低温灾害

我国不同稻区生态环境多样,水稻种植季节多种、品种类型各异,从育秧、穗分化发育、抽穗开花到灌浆期,低温常引起水稻生长不良,见图 6-3。发生比较频繁的地区主要是长江中下游早稻秧田和直播田;发生的时间主要是晚稻开花结实期,云贵地区的水稻开花结实期,四川地区再生稻开花结实期,华南稻区早稻的穗形成期,东北稻区的育秧期和开花结实期。如 2007 年,东南沿海地区浙江、福建、江苏等地中晚稻结实灌浆期间受台风、低温影响,水稻结实率大幅下降,造成产量下降。2009 年,东北稻区特别是黑龙江水稻移栽期较长时间的低温导致水稻生育期延迟,抽穗开花期推迟,开花结实受低温影响,部分品种结实率下降。

一 水稻低温冷害的主要类型和症状表现

1.延迟型冷害

延迟型冷害是水稻从播种到抽穗前各生育时期遇到的较低温度的危害。主要表现为因低温延迟水稻生长发育,穗分化和抽穗期显著延迟,或抽穗虽未明显延迟,但灌浆结实期温度明显降低,以致成熟不良造成减产。受害严重者直到收割期穗部仍然直立,甚至颗粒无收。受害轻者穗上部谷粒饱满,中下部多为空秕粒,出米率低,青碎米多,米质差,作为种子则发芽势和发芽率明显较低。尤其是晚熟品种,抽穗期延迟,减产更为严重。

2.障碍型冷害

在水稻生殖生长期即颖花分化期到抽穗开花期间,遭受短时间异常的相对强低温,使花器的生理机制受到破坏,造成颖花不育,形成大量空壳而严重减产,称为障碍型冷害。根据低温危害的时期又分为孕穗期冷害和抽穗开花期冷害。在孕穗期遇到低温而发生的障碍型冷害的特征是:穗顶部不孕粒多,穗基部少,不育颖花纯是空壳。抽穗开花期遇低温会发生颖壳不开,花药不裂,散不出花粉或花粉发芽率大幅度下降而致不育,造成减产。

图 6-3 低温危害结实率症状

二 避灾减灾的技术措施

1.延迟型冷害的防治措施

(1)选择耐冷品种

选用耐冷害性强的早熟、优质、稳产的水稻品种。标准是芽期和苗期有较强的耐冷性,在低温条件下发芽性能强,田间成苗率高,能早生快发,并能保证一定的分蘖数;抽穗开花后灌浆成熟快,结实率高。

(2)安全齐穗期

实行计划栽培,培育壮秧。采用保护性栽培技术,安排好安全齐穗期。

(3)提高水温和地温

水稻前期主要受水温的影响,生育中期受水温和气温的共同影响,生育后期主要受气温的影响。试验证明,设晒水池,加宽和延长水路,加宽垫高进水口及采用回灌等措施,均可使白天田间水温和地温升高,对促进水稻前期生育有良好效果。

(4)增施磷肥,控制氮肥的施用量

磷能提高水稻体内可溶性糖的含量,从而提高水稻的抗寒能力,同时磷还有促进早熟的作用。因此,磷肥应作为基肥一次施入到根系密集的土层中,既便于水稻吸收,又可防御低温冷害。

在冷害年份,通常应将氮肥总量减少20%~30%。研究结果表明,在寒冷稻作区的冷害年,切忌在水稻二次枝梗分化期施用氮肥,因为在寒冷稻作区水稻幼穗分化始期处于最高分蘖期之前施用氮肥,会增加后期分蘖,延迟生长发育,使抽穗开花延迟且参差不齐,降低结实率和千粒重而减产。

2.障碍型冷害的防治措施

(1)品种选用和安全抽穗期安排

选用耐障碍型冷害性强的早熟、优质、稳产的水稻品种,实行计划栽培,确定安全齐穗期。计划栽培就是按当地的热量条件选定栽培品种,并根据品种全生育期所需积温合理安排安全播种期、安全抽穗期和安全成熟期，使水稻生长发育的各个阶段均能在充分利用本地热量资源的条件下完成。水稻花粉母细胞减数分裂期后的小孢子形成初期，对低温极为敏感，必须保证日平均气温稳定在粳稻 17 ℃以上，籼稻 20 ℃以上，还需要给水稻灌浆成熟留有充足的时间，一般籼稻大约 30 天，粳稻大约 45天，抽穗期温度和灌浆时间这两个因素决定安全齐穗期。

（2）在减数分裂期灌深水护胎

防御障碍型冷害造成的水稻不育，当前唯一有效的办法是在障碍型冷害敏感期进行深水灌溉。冷害危险期幼穗所处位置一般距地表 15 厘米，水深 15~20 厘米基本可防御障碍型冷害。

（3）控制氮肥的施用量

在低温年少施氮肥可以减轻冷害，高温年增施氮肥可以获得增产，因此，要根据气象条件决定施肥量的多少。

3.采用科学管理和应急措施减轻低温危害

（1）以水调温

水的比热容大，汽化热高和热传导性低，故在遇低温冷害时，可以以水调温，改善田间小气候。据试验，在气温低于 17 ℃的自然条件下，采用夜灌河水的办法，使夜间稻株中部（幼穗处）的气温比不灌水的高 0.6~1.9 ℃，对减数分裂期和抽穗期冷害都有一定的防御效果，结实率提高 5.4%~15.4%；秧苗一叶一心时，经 0 ℃处理 2~3 小时或经 0~5 ℃处理 5~7 天，凡有水层保护的在恢复常温后都没有发生冷害症状。秧苗期遇到 10~12 ℃低温时，只要灌薄水就可以防御冷害。当气温为 5 ℃时，灌水深度以叶尖露出水面为宜。在连续低温危害时，每隔 2~3 天更换田水一次，以补充水中氧气，天气转暖后逐渐排除田水。双季晚稻抽穗期间遇低温，及时采取灌深水护根，效果较好。据试验观察，9 月下旬在气温 16 ℃的情况下，田间灌水 4~10 厘米，比不灌水的土温提高 3~5 ℃，可促进晚稻提早抽穗。

（2）根据气候规律，科学安排播种期、齐穗期和灌浆期

各地都必须根据当地的气候规律，并须有 80%以上的保证率，来确定水稻的安全播种期、安全齐穗期和安全成熟期，以避开低温冷害。用日平均气温稳定通过 10 ℃和 12 ℃的 80%作为保证日期，以便作为粳稻、籼稻

的无保温设施的安全播种期,长江流域为3月底或4月中旬。若采用旱育秧加薄膜覆盖保温措施,则双季早稻播种期可提早到3月下旬至4月上旬,早稻大田直播的则要在4月中下旬。中稻品种的播种期则应安排在4月下旬至5月上旬,这样既有利于避开4月上旬播种的低温冷害,又可有效地避开7月下旬至8月上旬开花期的高温热害。双季晚稻播种期的确定要以保证在9月10日—15日能安全齐穗,以避开"寒露风"危害为依据,再根据早稻让茬时间、品种特性和秧龄综合确定,尽可能早播早栽,下限掌握在籼稻播种期为6月中旬,晚粳为6月25日前。

(3)喷施药剂和肥料,减轻低温冷害

据研究,在水稻开花期发生冷害时喷施各种化学药剂和肥料,如"九二〇"、硼砂、萘乙酸、激动素、尿素、过磷酸钙和氯化钾、磷酸二氢钾等,都有一定的预防效果。据广西农学院试验,喷30毫克/千克的"九二〇"或和2.0%的过磷酸钙液混合喷施,在冷害时可减少空粒率5%左右,减少秕粒率5%~8%。另外,喷施叶面保温剂在秧苗期、减数分裂期及开花灌浆期防御冷害上都具有良好的效果。水稻开花期遇17.5 ℃低温5天时,喷洒保温剂的空粒率比未喷洒者减少5%~13%。

第三节　干旱灾害

旱灾是指因自然气候的影响,土壤水与农作物生长需水不平衡造成作物植株异常水分短缺,影响正常生长发育,从而直接导致水稻减产的灾害。干旱是造成我国粮食总产大幅度波动的主要原因之一。1950—1983年,全国平均每年受旱面积近3亿亩,成灾面积达1亿亩,其中全国旱灾面积超过4亿亩的有8年,较重的干旱有12年。近年来,全国平均每年受旱面积为3亿亩,成灾面积近2亿亩,绝收面积近4 000万亩。2010年,全国耕地受旱面积10 500万亩,长江下游五省受旱面积为4 500万亩,占全国受旱面积的43.4%,旱情致3 483万人受灾,直接经济损失139亿元。因灌溉设施老化及气候异常引起的干旱造成作物成灾面积逐年上升。

一 水稻主要生育时期的干旱灾害

1.旱灾敏感时期

在水稻各生育期，干旱造成的损失是不一样的，最易受害的是孕穗期和抽穗开花期，其次是灌浆期和幼穗形成期，干旱危害症状参见图6-4、图6-5。

2.干旱危害症状

水稻孕穗开花期是水稻对水分最敏感时期，干旱会造成水稻穗粒数和结实率下降。受干旱危害的水稻，生育期明显延长，中籼稻从拔节到灌浆连续受旱，生育期比未受旱的延长14~18天，同时抽穗很不整齐。从始穗到齐穗的时间，受旱的比未受旱的延长5~6天，且白穗多。受旱害的水稻植株矮小，分蘖极少，往往发生不正常的地上分枝，分枝植株最多达总

图6-4 水稻分蘖期干旱危害症状

图6-5 水稻孕穗期干旱危害症状

株数的76%。孕穗至抽穗期间受旱，抽穗不良，稻穗不能全部抽出剑叶鞘，开花授粉不正常，秕谷大增。有的颖花雌、雄蕊不发育，成为“白稃”。

灌浆乳熟期，也是对水分比较敏感的时期。干旱造成叶片早衰，光合面积和光合速率下降，物质生产量减少。同时，严重干旱会影响有机物质向穗部运转，灌浆受阻，秕粒增多，千粒重下降，导致产量下降，严重的引起植株枯黄死亡。

据试验，水稻孕穗期受旱减产约 47%，抽穗期受旱减产 14%~33%，灌浆期受旱严重且连续 14 天以上则减产 23%左右。

二 避灾减灾的技术措施

1.选择抗旱品种

水稻对干旱的抗性，品种间存在较大差异，有的品种在轻度干旱条件下产量损失较少，在孕穗开花和灌浆期常遇到干旱的地区，可选择抗旱能力较强的水稻品种。

据观察，不同水稻品种(组合)对干旱的抗耐力差异明显。根系发达，叶面茸毛多，气孔小而密，叶内细胞液浓度高，细胞渗透压高的品种较耐旱。一般陆稻比水稻品种耐旱，籼稻比粳稻品种耐旱，大穗少蘖型品种比小穗多蘖型品种耐旱，受旱时穗长、单穗重和产量减少率低，杂交水稻一般比常规品种有良好的抗旱性。抗旱性强的品种(组合)，遇水后植株生长的恢复力较强，但在具体选用时，还应根据当地的具体情况，高产、优质、抗旱统筹兼顾。

2.集中育秧，旱育稀植

在干旱情况下，可选择有水源保障的田块适当集中育秧，统一供秧，提高育秧效率和水源利用效率，减低育秧成本，确保秧苗数量和质量。

首先，采用旱育秧。旱育的秧苗移栽后耐旱能力强于水育秧，要坚持旱育旱管。水稻旱育秧技术是节水、抗旱、高产的生产技术，旱育秧在低水分的环境下长成，具有发根力强、根系发达、叶片厚硬等耐旱性能，不仅在秧田期可节约用水，而且插秧后返青活棵快，“爆发力”强。其次，要适当稀播促进早发分蘖，培育耐旱力强的多蘖壮秧。

此外，在干旱地区，可根据当地雨季到来早迟，进行分期播种，分期育秧和移栽，保证有水栽秧。东北、华北、黄淮以北等易旱地区，也可采用旱直播的办法，在苗期实行旱生旱长。

3.干耕水平，等雨插秧

干耕水平指的是干湿整田，浅水平田。传统稻田水整田方法需要泡田，整地时间长，需水量大，造成水资源大量浪费。采用干燥或湿润田耕田整田，可节省大量的泡田用水，节省整田时间，提高整地质量，促进水稻早发。在雨季来临时，及时灌浅水平整稻田，并插秧，达到抢雨季、抢季节及时移栽的目的。采用旱耕田、浅水平田方法可比水整田用量节省 50~80 米^{2}/亩。

4.干湿交替节水灌溉

根据水稻不同生长时期对水分的敏感性和对水分的需求，在水稻对水的敏感期进行灌溉，不太敏感期不灌水。减少稻田的灌溉次数和每次灌水量，采用田间浅水层，湿润和干燥交替的灌溉技术，达到节水增产效果。具体做法是，移栽后返青期，灌浅水（水层 3 厘米左右），有效分蘖临界叶龄期前一叶龄期（达到穗数 80%的苗数）直到穗开始分化（叶龄余数 3.5 叶）不灌水，进行分次搁田，先轻后重。穗分化期到成熟采用浅水层和湿润交替，这样可减少灌水量，提高水分生产率。

5.加强病虫测报，及时做好防治

如果上一年秋冬连续干旱，并伴随温度偏高，害虫越冬基数大，必将导致下一年病虫发生早、发生重，特别是螟虫和稻飞虱，需要加强测报，根据病虫情况做好防治工作，确保水稻产量。

第四节　洪涝灾害

洪涝灾害是我国主要农业灾害之一，多发生在沿江、沿河两岸和湖泊洼地等处的稻田。1950—1990 年，全国平均每年受涝面积超 1.2 亿亩，成灾面积 6 700 多万亩。湖南、湖北、安徽、江苏、广东和黑龙江六省的平均年受灾面积为 6 500 万亩以上，是洪涝灾害极严重的地区。

洪涝灾害主要是由于雨季雨水过多，或遇台风暴雨强度大，造成江河上游洪水猛发，中下游又受潮汛影响，平原水网径流汇集，退水迟缓，淹浸稻田，使水稻呼吸作用受抑制而引起的生理障碍；或由于洪水流速快，夹带被冲刷的泥沙，造成稻株被泥沙埋没、折断以及倒伏等直接机械伤害，以及器官损伤、诱导病菌侵袭等而引起的危害。其中以水淹的影响最大，危害也最严重。

一 水稻各生育期的耐涝性和损失程度

水稻具有一定程度的耐涝性，各生育期受淹程度和损失差异较大。据调查，各生育期受淹 4 天，其减产的程度分别是孕穗期 78%、开花期 64%、分蘖末期 20%、移栽后 14 天 11%、栽后 7 天7%。

1.苗期淹水

苗期淹水（图 6–6）2~6 天，出水后数天即能恢复生长，只有部分叶片干枯。淹水 8~10 天，叶片均干枯，但出水后秧苗一般仍可恢复生长。

图 6–6　水稻苗期涝害田间表现

2.分蘖期淹水

分蘖期淹水（图 6–7）2~4 天，出水后尚能逐渐恢复生长；淹水 6~10天，地上部全部干枯，但分蘖芽和茎生长点尚未死亡，故出水后尚能发生新叶和分蘖；但淹水时间愈长，生长愈慢。

图 6-7 水稻分蘖期涝害田间表现

3.幼穗分化期淹水

幼穗分化期淹水 10 天，颖花分化受抑制，幼穗不能抽穗，以后发生的高节位分枝能抽穗，但处于低于结实所需的临界温度时则不能结实。孕穗期淹水（图 6-8），抑制了幼穗发育，出现畸形穗、退化颖花（白稃）等现象。淹水 6 天以上，大部分都不能抽穗；以后形成的高节位分枝，部分抽穗过迟的也不能结实。

4.抽穗扬花期淹水

抽穗开花期淹水 2~4 天，出水后稻穗下部小穗尚能开花，部分可结实；淹水 6 天以上，因花粉、花药破坏，虽能开花却不能授粉，不久穗子即干枯。

图 6-8 水稻孕穗期涝害田间表现

5.乳熟期淹水

乳熟期受淹,影响谷粒灌浆,千粒重减低,米质变劣。

二 水稻涝害的主要症状

水稻虽然是耐涝作物,但是淹水深度也不能超过穗部,而且淹水时间越长危害越重。在诸生育期中,以幼穗形成期到孕穗中期受影响最明显,其次是开花期,其他生育期一般受影响都较轻。孕穗期花粉母细胞及胚囊母细胞减数分蘖的时候,是水稻一生最敏感的时期,淹水可使小穗停止生长,生殖细胞不能形成,花粉发育受阻,出现烂穗或畸形穗,未死亡的幼穗颖花与枝梗也严重退化,抽白穗,甚至无小穗,只有穗轴。即使能抽穗,成熟期也推迟 5~15 天,每穗的粒数减少,空秕多。

三 避灾减灾的技术措施

1.选用耐涝性强的水稻品种

据调查,不同品种间耐涝性强弱不同,要注意选用根系发达、茎秆强韧、株型紧凑的品种,这类品种耐涝性强,涝后恢复生长快,再生能力强。在相同的条件下,粳稻损失最重,糯稻次之,籼稻较轻。

在选用耐涝品种的同时,还应根据当地洪涝可能出现的时期、程度,选用早、中、迟熟品种合理搭配,防止品种单一化而导致全面损失。

2.突击抢排积水,抓好稻田肥水和病虫害管理

(1)排水

先排高田,使苗尖及早露出水面,减少受淹时间。如在高温烈日时,不可一次排干,保留适当水层使稻苗逐步恢复生机,以防由蒸腾造成生理脱水,加重损失。如在阴雨天,须一次排干。

(2)清理漂浮物和叶片泥沙

退水时要及时打捞漂浮物和冲洗茎叶上的泥沙,使其充分进行光合作用。冲洗时要避免机械损伤。

(3)补苗

补齐缺棵、死苗的田块,如缺苗严重,可将多块田的稻苗移到一块田

里，空出的田补种其他作物或直播晚稻。

（4）补施速效肥

视秧苗生长情况适当补施速效肥料，促进分蘖和发育，提高有效穗数和结实率。由于受淹后根系吸收能力差，可采取多次少施早施的办法。

（5）及时防治病害

水稻受淹后叶片损伤，病菌易侵入，须及时防治纹枯病、稻瘟病和白叶枯病。

3.割苗蓄留再生稻

对扬花期正在灌浆的田块，待洪水退去后3~7天确定有20%以上能够继续灌浆结实的田块保留，待水稻八成黄后适期早收头季稻，再蓄留再生稻；结实率低于20%则割苗蓄留再生稻。而对部分迟播、迟栽田块，淹没时仅在孕穗初期及其之前，洪水退后对尚能正常生长的田予以保留；对孕穗中期至灌浆始期且淹没在48小时以上的田块，要果断割苗蓄留再生稻。

4.大力兴修水利，提高农田抗涝能力

大力兴修水利，修建防洪工程，迅速提高农田的抗涝能力，这是防止涝害的根本措施。在汛期，做好一切防汛准备，及时加固和加高围堤，根据水情有计划地进行分洪，及时排除内涝。

加强调查研究，摸清当地洪涝发生规律，合理安排耕作制度，以避开洪涝灾害，争取做到有灾稳产，无灾丰收。沿江沿湖地区的双季早稻易遭夏涝，早稻种植以早熟品种为宜，争取在7月上中旬洪水来临前成熟收获。中稻地区的苗期和分蘖期发生汛情，如果是在苗期，要预先在不易被淹的地方育秧，保证秧苗不受损失，这样在水退后仍有秧可栽。

第五节　盐碱灾害

土壤中含有很多能够溶解的盐分，如氯化钠（食盐）、硝酸钠（芒硝）、氯化镁（氯苦）和硫酸镁（泻盐）等，地表干燥时有一层盐霜。可溶性盐的

含量达到妨碍大多数作物生长的程度的土壤叫盐土。

土壤中水溶性盐分含量少，含有碳酸钠（苏打）和碳酸氢钠（小苏打），形成很强的碱性，影响作物生长，这种土叫作碱土（亦称钠质土）。通常把碱化度大于15%的土壤称作碱土，而把碱化度为5%~15%的土壤称为碱化土壤，介于盐土和碱土之间的叫作盐碱土，一般常用它来泛指盐渍化土壤。

一 水稻在不同生育阶段受盐碱危害的主要症状

水稻受盐碱危害后，表现最为明显的是根系的发育受到抑制，新根及根端生长点的细胞先遭受破坏，而后遍及全根。由于淹水原因，水稻颜色逐渐变黑而腐烂，使根系失去生机，呈死亡状态。随后，地上部分也相应地生长极为缓慢，首先是叶尖枯黄卷缩，植株基部叶片先行枯死，而后蔓延到上部叶片，最后心叶枯死。严重受害的稻苗茎叶，常泄出较多的盐霜，尝之有咸味。

1.种子萌发期

水稻在不同生育阶段受盐碱危害后表现的症状是不同的。在种子萌发阶段受害，由于种子吸收速度受到严重抑制，表现出种子发芽不齐，发芽势降低，甚至根本不能发芽，种子在土中变黑腐烂。

2.种子萌发出苗至移栽期

水稻种子萌发后受害，表现为芽尖枯黄、弯曲，迟迟不能返青，直至死亡。秧苗二、三叶期受害，表现为焦头，焦头叶片互相粘连，待秧苗恢复生机，叶片继续生长时，在粘连处不散，造成所谓“带环”现象。秧苗四、五叶期后受害，表现为生长缓慢，叶片发黄或发红，脚叶枯黄，秧苗根系发育不良，根尖转黑褐色，严重时，根系发黑腐烂，造成死苗。

3.移栽后返青期

水稻在移栽后不久受害，表现为返青不良，新根少，叶片呈淡黄绿色或发红，心叶有萎蔫现象，并从脚叶开始向上出现病症，叶片先从叶尖开始变黄褐色并枯死，渐及叶基叶鞘；先发生卷叶，后变为枯焦，严重时，全株凋萎枯死。受害稻苗，根系变黑腐烂。

4.分蘖期

水稻在分蘖期、幼穗形成期和抽穗开花期受害(参见图 6-9、图 6-10),表现为分蘖和伸长受到抑制,无效分蘖增多,茎秆变短,植株下部叶片发黄或发红,抽穗延迟,穗数减少,穗长缩短,退化颖花增多,每穗粒数减少,不实率增高,谷粒不饱满,产量剧减。受害稻株,根系也变黑腐烂,容易拔起。

图 6-9　水稻分蘖期盐碱危害症状

图 6-10　水稻孕穗期盐碱危害症状

二 盐碱地对水稻危害的主要原因

盐碱地对水稻的危害主要是由土壤盐碱浓度或灌溉水中含盐碱量的上升引起的。盐碱地对水稻的危害是多方面的,一方面可直接对水稻发生危害,另一方面则是破坏土壤结构间接地对水稻发生危害。

1.盐碱地对水稻的直接危害

盐碱地对水稻的直接危害，主要由于盐土中含有氯化钠（食盐）、硝酸钠（芒硝）、氯化镁（氯苦）和硫酸镁（泻盐）等盐类，土壤盐分浓度升高，影响稻根对水分和养料的吸收，导致稻体内生理活动不能正常进行，生育不良。当土壤溶液浓度渗透压逐渐大于细胞液的渗透压时，还会造成细胞水分外渗，导致质壁分离，原生质破坏，引起稻苗死亡。同时，随着土壤溶液盐分浓度的增高，根系吸水量的减少，稻株茎叶中的水分和叶绿素含量也相应减少，而吸收积累的离子（如氯离子）量则逐渐增多，这对水稻就有直接的毒害作用，不仅会损伤原生质，还会抑制稻根对某些矿物质营养的吸收，影响稻体内氮和糖代谢的正常进行。

2.盐碱地对水稻的间接危害

盐碱地对水稻的间接危害，主要表现在对土壤结构的破坏上，如滨海的盐土和内陆的碱化盐土，均容易由于钠离子的水化作用，钠离子大量侵入土壤胶体复合体，造成土壤通气性和透水性极差，物理性变坏，湿时泥泞，干时坚硬板结，不仅耕作困难，水稻根系发育不良，且容易引起土壤还原性增强，达到一定程度以后，土壤中的硫酸盐类就会在微生物的作用下，还原生成硫化氢等有毒物质，危害水稻，造成黑根。

三 避灾减灾的技术措施

1.选用耐盐碱性强的水稻品种

盐碱地种稻首先应选用耐盐碱、耐干旱、高产优质、生育期适宜的品种。育苗移栽的水稻耐盐碱性的差异主要表现在育苗过程中秧苗的素质和栽秧返青速度及成活率上。生育后期因多次灌水淋溶盐分和覆盖率增加，表现不明显，耐盐碱品种在旱育壮秧的情况下，栽秧后 3 天便有 3~4 条白根长出，1 周后产生新的分蘖，在 pH 8.5~9 情况下，基本上能正常生长。

不耐盐碱的品种，栽秧后叶色浅，从叶片尖端变成黄褐色，自下向上枯萎，盐碱危害严重的叶片则略显红褐色或出现赤枯斑点，根系生长受阻，不分蘖，死亡率超过 20%。

鉴定水稻品种是否耐盐碱，一是在实验室将幼苗用不同盐分的溶液（常用氯化钠）进行培养，观察不同品种的成活情况；二是对不同品种在盐地生产实践中进行鉴定。

2.培育分蘖壮秧

就地培育壮秧。盐土种稻，为避免插秧时受盐害，可采用直播法。采用育秧移栽的应特别重视培育发根力强的壮秧。实践证明，在盐土上就地育秧，能提高秧苗的耐盐力，插秧后返青快，成活率高，同时又容易满足大面积盐土种稻对秧苗的需要。

（1）秧田灌水和排水

要就地培育壮秧，提高成秧率，主要问题是防止盐害，其措施除了抓好秧田的浸泡，尽量降低土壤盐分含量外，还要通过秧田的科学用水，协调土壤水分、盐分和空气三者之间的关系，防止土壤返盐，促使秧苗迅速扎根。

秧田水分管理的基本方法是日灌夜排，白天灌水是为了减少土面和叶面的水分蒸发，起防止土壤返盐和进一步促使土壤脱盐以及保护秧苗生长的作用；夜间排水，能改善土壤的通气状况和减轻因灌水过多而产生的不利影响，有利于秧苗扎根。一般在晴天上午 8—9 时开始灌水，水深以高处不露土面为准；下午 3—4 时开始排水，排水要彻底，达到沟内不积水，以充分发挥灌排水的作用。在具体运用时，还要根据秧苗的生长阶段、盐分的变化情况和当时的天气条件等灵活掌握。如稻谷播种后，不宜立即灌水，要先让秧板土面略为硬结，使稻谷不致因以后的灌排水而很快裸露于土表；扎根竖芽前，只需在晴天灌几次跑马水；二、三叶期后，长势正常的，可结合施肥保持一定水层。

土壤和灌溉水含盐量低的，灌水的时间可以适当缩短。冷后暴晴要灌深水，防止秧苗失水干枯；遇低温寒潮，夜间要灌水，将排水时间改在早晨或傍晚。总之，在不引起秧苗盐害死苗的情况下，要力争最大限度地排水露秧，使秧苗尽早长成良好根系，以增强对盐分和不良天气的抵抗力。

（2）壮秧标准

苗高 13~17 厘米，叶龄 4.5~5.5 片叶，茎宽 4~6 毫米，茎组织坚实，短而壮，叶片清秀老健，植株富有弹性，叶片宽厚，叶色浓而绿，根系粗壮，根毛多，无黑根。

3.合理肥水运筹

（1）在选用高产品种和旱育壮秧、稀植早插的基础上，以合理的肥水运筹来达到预期的调控效果，是夺取水稻高产的关键

盐碱地的施肥遵循“早促蘖、中壮苗、后攻粒”的原则。具体措施：早促早控，超前搁田，促早发分蘖，降低苗峰，提高成穗率、结实率、千粒重，达到稳产高产的目的。盐碱地区水稻施肥量的确定，要考察土壤、肥力、土壤酸碱度、气候、品种、栽培技术等因素。

根据各地生产实践经验，一般地力条件下，每亩产量 525~600 千克，需氮肥量 10~12 千克，需磷（P_2O_5）量 5~6 千克，需钾（K_2O）量 3~4 千克。底肥每亩施农家肥 300 千克，磷酸二铵 10 千克，氮肥（尿素）10 千克。插秧后 7~10 天施蘖肥（尿素 5 千克），插秧后 20~25 天再施分蘖肥（尿素 5 千克）一次，抽穗前 15~18 天施穗肥（尿素 2~3 千克），粒肥视后期长相而定，有脱肥现象者，可在破口或抽穗后施少量氮肥（2~3 千克）。

（2）管好本田水，是协调土壤水、盐、气三者关系，促使稻苗移入本田后全苗早发的关键

根据各地经验，要做到浅水插秧，插秧后立即灌深水（6 厘米以上），护苗 2~3 天，并每天换水一次，可减少稻苗叶面蒸腾，防止盐害伤苗，有利于稻苗扎根转青，效果良好。

稻苗返青后进入分蘖期，如泡田洗盐彻底，灌溉水质较淡（含氯化钠 1克/千克左右），就可采取浅灌（1.5~3 厘米）勤换的办法，以促进分蘖早发；反之，如泡田洗盐不彻底，灌溉水质咸（含氯化钠 1.5~2.0 克/千克），就要采取“深灌勤换，日深夜浅”的灌水办法，即上午灌深水（6~8 厘米），下午排浅（1.5~3 厘米）过夜，第二天早晨排干过夜水，再灌深水，来继续洗盐和防止盐害的发生。以后随着稻苗长大，可逐步减少换水次数。要做到看天、看苗、看水质灵活掌握，即大风烈日灌深水，多云天暖灌浅水，无风阴天可排水，雨天排碱蓄淡水；苗势旺灌浅水，苗势弱灌深水；灌溉水质咸时要天天换水，灌溉水质淡时，可隔 2~3 天换水一次。实践证明，采

用上述灌溉方法，在灌溉水含氯化钠2.3~3.0克/千克的条件下，可显著减轻盐害死苗，基本上达到保苗的要求，产量也显著提高。分蘖末期可适当搁田，不但能控制后期的无效分蘖，而且能防止黑根死苗，有一定的增产效果。

长穗期以浅灌或间歇灌溉为主，此期叶片覆盖田面，蒸发量减少，可以间歇灌或湿润灌溉，一般6~7天灌水一次，田间保水量不低于80%，以表土不裂口为宜；抽穗前12~15天灌浅水1.5~3.0厘米，防止湿度低造成花粉败育以及空秕率增加等。

抽穗到灌浆期以浅水层为主，乳熟至黄熟期以间歇灌溉为主，增加土壤通透性，增强根系活力，确保活秆成熟。停水时间视土壤情况定，一般在蜡熟末期停水。

4.盐碱地种稻主要技术措施

(1)搞好稻田基本建设

新垦盐碱土地区种稻，必须事先对水源、渠系设置、土地平整、田块大小等做出全面的规划，其中最重要的是要有足够的淡水源和完整的灌排系统，这是种好水稻、防止盐碱危害的基础。建立完整的灌排系统，才能加速盐碱土的改良利用，种好水稻，防止盐碱害的发生。灌排渠系的设置，要从有利于土壤脱盐和整个垦区的排盐着眼，故灌排必须分系配套，每块田都要单独建立进出水口。

(2)泡田洗盐，淡化耕层

泡田洗盐，要在平整土地的基础上进行。为了增强泡田洗盐的效果，在浸泡过程中还要注意：一是浸泡初期要结合田面排水(盐)，使土壤表层大量可溶盐迅速通过排水沟渠排除，然后再用灌水压盐的办法继续浸泡，利用下渗作用洗盐。田面排水洗盐的效果对表层含盐量高和渗水性差的土壤更为显著。二是稻田一经浸泡，就不宜中途断水，以避免耕层以下土壤盐分迅速向表层移动，影响泡田洗盐的效果。三是在泡洗过程中，要结合进行翻耕(或旋耕)，使耕层土壤中的盐分较快地溶解在水中，可提高脱盐效果一倍以上。四是土质黏重的垦区，在泡田洗盐前最好能翻耕晒垡，使垡条(块)中间的盐分向土表集中，以提高灌水后的洗盐效果。

五是种植田菁的田块，要在田菁翻耕前结合泡田洗盐。六是泡田洗盐结束后，田面应灌上淡水，以防断水返盐。

（3）种植绿肥，增施有机肥

在盐碱土种稻，除了发展田菁、黄花苜蓿、苕等绿肥作物外，还要增施腐熟的厩肥、人粪尿等有机肥料，以增加土壤的有机质，改良土壤结构，提高土壤肥力，并增加地面覆盖，减少土壤水分蒸发，从而减弱地下水中盐分上升的速度，防止表土聚盐而造成死苗。施用有机质肥料，一定要在泡田后用作基肥，翻耕入土，而不能面施，以减少换水时的养分流失。

（4）掌握田间灌排技术是盐碱地种好水稻的重要环节

水稻苗期抗盐能力较弱，可用灌深水的办法防止盐害。灌水深度8~10厘米，以后可根据不同生育期调节水层深度，分蘖期水层可浅些，孕穗期深些。灌水压盐要做到勤灌勤换，防止水中盐分浓度提高。同时还可调节土壤通气状况，一般可采取日灌夜排，即每天上午灌水，傍晚排水，以薄水层过夜，次日排干后再灌上深水，就能有效地控制盐害，促进稻苗生长，阴雨天可少灌或不灌，以利于通气发根。

第七章 优质水稻收获与干燥、储藏与加工技术

第一节 水稻收获与干燥技术

一 水稻收获技术

1.收获时间

优质水稻的适期收获，是确保稻米品质、提高产量和产品安全的重要环节。稻谷的成熟度、新鲜度、含水量、谷粒的形状与大小、千粒重、容重、米粒强度等因素直接影响到稻谷的出米率。

（1）收获指标

水稻收获时必须达到成熟，从稻穗外部形态看，谷粒全部变硬，穗轴上干下黄，有70%枝梗已干枯，达到这三个指标，说明谷粒已经充实饱满，植株停止向谷粒输送养分，此时要及时抢收。另外，在易发生冰雹、风害、水灾或复种指数较高的地区，为抢季节，也可在九成熟时提前收获。

（2）未成熟收获对产量和品质的影响

一般未成熟的稻谷，新鲜程度差的陈谷，含水量高或过低的稻谷，谷粒大小和形状相差悬殊的稻谷，千粒重低的稻谷，以及米粒强度小的稻谷，在加工中易产生碎米，导致出米率低。

未完全成熟时收割，穗下部的弱势花灌浆不足，势必造成减产，大致是每早割1天，减产1%，而且由于青粒米及垩白等不完全的米粒增多，造成稻米品质下降。因此，水稻成熟收获时机，对经济产量的影响不大，但对稻米品质具有重要的影响，尤其是对蛋白质和适口性有较大的影响，

适当延迟收获可减少青米的比例，改善米饭的适口性，在完熟期及时收获，可以避免营养物质倒流的损失。

（3）过熟收获对产量和品质的影响

收获过迟，穗颈易折断，收获时易掉穗，收获困难，米粒糠层较厚，米色变差，加工时断碎米多，产量低，品质下降。早熟品种不及时收获，垩白增大，影响精米率，而且会导致糊化温度升高，胶稠度变小。

2.收获方法

一般情况下，优质稻谷应在稻谷成熟度为90%~95%时，抢晴收获，边收边脱，用人力机械脱粒或机械收脱。收获过程中，禁止在沥青路、沥青场和已被农药、工矿废渣、废液污染过的场地上脱谷、碾压和晾晒。贮运时注意单收单贮单运，仓库要消毒、除虫、灭鼠，进仓后注意检查温度和湿度，防霉、防鼠害，运输时不与其他物质混载。

沿江江南粳稻区，粳稻后期耐寒性较好，功能叶衰老缓慢，可以通过“养老稻”，在田间延长收获期，降低稻谷水分含量，推迟收获时间，可以直接在田间收获装包运输。当然也要尽早收获，以免影响产量和品质。

（1）机械收获及注意事项

当前机械收获普及率较高，最好趁晴天待露水干后及时收获。对于优质长粒籼稻，选用半喂入式收割机收获较好，可以降低米粒裂纹产生率，提高整精米率和加工效益。

江淮麦茬稻区，如果种植迟熟粳稻，让茬时间紧，可以采用割晒的办法进行收获，由于粳稻籽粒不易掉落，成熟时用久保田收割机割倒，留稻茬25厘米左右，并将稻株整齐铺在田间晾晒，待晒干后再用收割机收起脱粒装包运输。由于稻茬较高，将稻穗撑起，通风透气，晾晒效果较好，可以省去场地晾晒环节，也不用担心雨水影响；同时起到晒田作用，减少土壤含水量，改善墒情，有利于种植后茬作物。

（2）人工收获及注意事项

人工收割时，割稻后必须在田间晒3~4天，把茎叶晒蔫后，再打捆运回场地，进行脱粒。当时如果不能及时脱粒，码垛时必须将稻穗朝外，以利于继续干燥。刚割下来的稻株，不能急于打捆堆垛，以防霉烂变质。稻穗风干不够，则谷粒不易脱干净。切忌长时间堆垛或在公路上打场曝晒，以免稻谷被污染和品质下降。

二 稻谷干燥技术

1.稻谷中的水分存在形式

水分是稻谷中重要的化学成分，稻谷中的水分不仅对种子的生理有很大的影响，而且与稻谷的加工及保管都有很大的关系。水分过高是稻谷发热霉变的主要因素，适当的含水量又是保证稻谷加工顺利进行的重要前提。所以，稻谷水分的高低与稻米的价值密切相关。稻谷中的水分有两种不同的存在状态，一是游离水，二是结合水。

（1）游离水

游离水又称自由水，存在于谷粒的细胞间隙中和谷粒内部的毛细管中。游离水具有普通水的一般性质，能作为溶剂，能结冰，能参与谷粒内部的生化反应。一般籽粒水分为14%~15%时，开始出现游离水。游离水在谷粒内部不稳定，受环境温度的影响，谷粒内的游离水可因吸湿而增加，也可因解湿而减少。谷粒水分的增减主要是游离水的变化所致。

（2）结合水

结合水又称束缚水，存在于谷粒的细胞内，与淀粉、蛋白质等亲水性物质结合在一起，因此性质稳定，不易散失，也不具有普通水的一般性质。在温度低于-25 ℃时也不结冰，不能作为溶剂，不参与谷粒内部的生化反应。稻谷水分在13.5%以下，可看作全部是结合水。干燥的稻谷生理活性低，在保管中比较稳定，不易发热霉变。

2.稻谷干燥技术

稻谷在收获后，有后熟作用，主要表现在稻米结构的日趋成熟和完善，包括淀粉粒的排列、整合、定型与淀粉的转化等。因此，收割后的处理，对稻米的整米率和食味有一定的影响。

（1）稻谷干燥程度

稻谷在正常情况下，一般含水量为13%~14%。稻谷干燥后的水分控制在13%左右，贮存后稻米的整精米率可以得到恢复。当水分低于11%时，贮藏后期稻米的整精米率很低，晴天中午将稻谷放到晒场上晒时，稻米将严重破碎。当稻谷晒到水分为18%左右后，存放1~2天再晒干，稻米的整精米率将会有较大提高。条件许可时，收割后，可搁置1天(如遇阴天，要及时晾晒)，再晒干，稻谷晒至水分14%左右即可，不宜过干。

(2)切忌曝晒和高温烘干

一般情况下，稻米在脱水时是不会发生爆腰的，但在稻谷翻晒或高温烘干时，引起脱水与吸水间失去平衡，脱水过快或吸水过快，就会造成稻米爆腰，影响整精米率。预防稻米爆腰，主要是控制好稻谷晾晒和烘干温度。稻谷收获后进行晾晒，要清早摊开，傍晚收拢，尽量避免中午高温时摊开，或者摊开后稻谷露天过夜。采用机械烘干时，一定要有预热或预冷设备，切莫骤然升温或骤然冷却。

第二节　优质稻谷和稻米储藏技术

一　稻谷的储藏

1.储藏的特性

稻谷籽粒具有完整的内外颖，使胚乳部分受到保护，对虫、霉、湿、热有一定的抵御作用，并且稻谷内外颖水分较米粒低，这些特点，使稻谷相对易于储存。但稻谷也具有后熟期短、易沤黄、不耐高温并且表面易产生结露等不利于安全储存的特性。

(1)稻谷的后熟期短

一般籼稻谷无明显的后熟期，粳稻谷的后熟期也只有4周左右，同时稻谷发芽所需的水分低。一般含水量23%~25%时，就能发芽。因此，无后熟期的稻谷，在收获期如遇连阴雨，不及时收割、脱粒、晾晒，在田间、场头即可发芽。新稻谷入库后，如受潮、淋雨，也易发芽或霉烂。

(2)稻谷易沤黄

稻谷收获后，带草堆放于场头或在脱粒时因雨未及时干燥，易受微生物侵蚀，容易发生沤黄，使稻堆发热，造成米粒变黄，品质变劣，食味变差。

(3)稻谷不耐高温

稻谷在烈日下曝晒或较高温度下烘干,容易爆腰,这种稻谷加工大米,碎米率高,出米率低。稻谷经过夏季高温,往往黏度降低、发芽率降低、脂肪酸值增高,呈现明显的陈化现象。稻谷中以籼稻谷最稳定,粳稻谷次之,糯稻谷最易陈化。

(4)稻谷易结露

结露是稻谷储存中最常见的问题。新收获的稻谷呼吸旺盛,尤其是早、中稻谷入库时,原粮温高,入库后 1~2 周,往往上层粮温突升,超出仓温 10~15 ℃,如不及时处理,就易结露。此时若气温下降,则情况更加严重。晚稻谷秋后收获,正值低温季节,不易干燥,往往入库时水分较高,到次年 2—3 月份也易因粮堆内外温差悬殊而致粮堆结露。

2.稻谷储存方法

稻谷储存方法主要有常规储藏法和缺氧储藏法。

(1)常规储藏法

常规储藏法是指稻谷从入库到出库,在一个储藏周期(通常为一年)内,通过提高入库质量,加强粮情检查,根据季节变化采取适当的管理措施和防治虫害,基本上能够做到安全保管的储藏方式。常规储藏稻谷主要环节有控制水分、清理杂质、秋后通风降温、低温密闭等。

控制水分:保持稻谷的安全水分是安全储藏的根本,一般早、中籼入库前已经过自然干燥,水分可以达到或低于安全标准。但晚粳稻收获时没有干燥条件,入库原始水分大,应及时进行干燥处理。

清理杂质:稻谷中通常含有稗子、杂草、穗梗、叶片、糠灰等杂质以及瘪粒,特别是进仓时由于自动分级所形成的杂质区,杂质含量明显增高。

秋后通风降温:秋凉以后及时通风降温是缩小分层温差,防止稻堆上层结露、中下层发热的有效方法,特别是早稻入库时温度高,为了及时解决这一矛盾,入库后就应及时通风,降低粮温,要求使粮温接近气温水平,秋凉后要抓紧有利气候条件,使粮温迅速降至 15 ℃以下,一直延续到冬季,粮温继续降低,然后趁冷密闭,保持低温。

低温密闭：冬季粮温降到10 ℃以下，进行密闭压盖，使粮堆长期保持低温状态。密闭的方法：如仓库隔热性能好的，可采用全仓密闭；仓库隔热性能差的，可用粮包打围的方法（即粮堆四周用粮包叠成围墙），利用稻谷导热性不良的特点，粮堆愈高大，愈能保持有利的温度。如仓库密闭条件差，则可采取粮面压盖办法。粮面压盖要做到紧、密、实，以利于隔热隔湿并防止空隙处结露。

（2）缺氧储藏法

缺氧储藏是利用某些惰性气体（如氮或二氧化碳）置换出粮堆内原有气体，从而抑制粮食生理活动，预防虫、霉的一种保管粮食的方法。缺氧储藏的方法很多，如真空充氮、二氧化碳，机械脱氧，分子筛脱氧等，但在能取得同样效果的前提下，则以自然缺氧储藏法较好，这种方法就是在粮食的密闭条件下，由于微生物、害虫和粮食等生物体的呼吸作用，把粮堆中的氧气逐渐消耗，达到缺氧状态，同时二氧化碳含量相应增高。这种方法简便易行，适合广大基层库点推广应用，符合“以防为主”的精神。

决定粮堆自然缺氧速度的主要因素是温度和水分，一般是水分大，粮温高，缺氧快。实践证明，籼稻水分14.4%，经过36天，氧含量能下降到0.6%；粳稻水分15.6%，经35天，氧含量能下降到0.9%。稻谷处于密闭状态下，可防止虫害的作用，免除熏蒸环节。

二 大米的储藏

大米储藏主要解决的问题是防止发热霉变与延缓陈化。从常年储藏的角度出发，利用秋冬低温季节，大力通风，降温散湿，春暖前选择一部分水分较低、品质较好的大米进行低温密闭，一般可以保管到7月份。对一些水分较高、品质较差、不适于低温密闭的大米，在春暖后用塑料薄膜密封，缺氧过夏。大米储藏的方法主要有自然低温密闭法、机械制冷储藏法、二氧化碳密闭包装储藏法。

1.自然低温密闭法

这种方法不需要复杂的设备，适合基层应用。从冬季入库的大米中选择成熟度较好、水分较低、杂质在0.1%以下的批次，趁冬季低温，通风降温，将粮温降至 10 ℃以下，进行密闭。密闭程度要高，做到尽量保持低温，采取这种措施基本可以保管至夏季。当上层粮温在 20 ℃以上时，可能陆续发生变化，如出现出汗、起毛等现象，然后逐渐向下扩展。根据这一特点，可以采取剥皮处理的办法，逐层装包供应，不损粮质。如无出仓任务，可以采用塑料薄膜帐幕，分堆密闭度过盛夏。

自然低温密闭储藏大米中，不同水分的大米开始出汗或发热大体上有一个临界温度线。大米含水量在 14%以下，粳米出汗、发热的临界温度分别是 31 ℃、35 ℃，籼米发热的临界温度是 28 ℃。随着含水量增加，出汗和发热的温度降低。大米出汗或发热除与水分和温度有关系外，还受大米的精度、净度、成熟度、新陈程度、仓库干湿程度等的影响。

2.机械制冷储藏法

机械制冷储藏法是在自然低温密闭的基础上，结合制冷机械降低粮温，使水分较高的大米安全过夏。大米水分在 16%左右，粮温控制在 15 ℃以下，基本能抑制虫霉发展，保持大米品质，安全度过高温季节。采用机械制冷储藏大米，送冷降温期间，应力求降温均匀，特别是在将冷气直接送入粮堆的情况下，要求风槽布置均匀合理，减少死角。因此，一般风槽不宜过长并应尽可能减少局部阻力，为了防止风槽进风口周围大米吸湿生霉，在风槽外部覆盖大糠包是有效的。

3.二氧化碳密闭包装储藏法

这是利用二氧化碳气体抑制大米的呼吸作用和防止米中脂肪的分解、氧化，避免或减少陈米气味，从而保持大米品质的储藏方法。这种方法需用的包装材料，要具有不透气和坚韧抗压的特性。

第三节　优质稻米加工技术及包装、运输、贮存

自 1985 年起，优质稻的生产开始受到重视，并稳步发展。与此同时，优质稻的加工技术和副产品综合利用也取得了长足的进步。通过技术引进、消化吸收和自主开发相结合，优质稻加工新设备、新工艺、新产品不

断出现，副产品综合利用水平不断提高。

一 优质稻米加工技术

1.优质稻米加工质量要求

优质稻具有的品质特征对加工效果产生很大的影响，优质米较高的质量标准又对加工技术提出了更高的要求。比较优质稻与普通稻的品质特征、优质米与普通米的质量指标，主要对碎米率、净度、副产品综合利用提出更高要求。

（1）碎米率

优质稻加工必须在传统技术的基础上，积极采用新技术、新设备和新工艺，着力解决优质稻加工过程中的破损问题，以期在成品米有较低的含碎率基础上，稻谷有较高的出品率。

（2）净度

优质米标准规定的含杂总量较一般大米低50%以上，且要求米粒表面清洁、光泽好。

（3）副产品综合利用

在满足加工质量要求的基础上，充分利用加工副产品，最大限度地提高资源利用率和企业的经济效益和社会效益。

2.降低破损

稻谷制成大米一般需经过清理、脱壳、脱糠、分级精选以及机械输送等工艺过程，其间不可避免地要发生稻谷（米粒）之间、稻谷（米粒）与加工机械之间的挤压、碰撞、摩擦及温升，从而导致米粒折断或爆腰，最终形成碎米，降低了成品整精米率和出米率。根据优质稻的工艺品质和优质米的质量要求，重点在以下几个环节采用新的加工设备或加工工艺：

（1）低温碾米

据测算，碾米工段的增碎占整个碾米工艺流程总增碎的60%以上。因此，降低碾米增碎对于提高出米率，降低成品含碎至关重要。在碾米过程中，砂辊研磨米粒表面去除糠皮层，以及碾白室中米粒受到摩擦和碰撞，都将产生大量的热量，使米粒温度升高。由于米粒导热性差，温度由外向内传递速度慢，产生温度梯度，即米粒产生内外温差，温差使米粒内部产生热应力，热应力超过米粒固有的强度，将导致大米破裂或爆腰而形成碎米。因此，通过降低米粒在碾磨过程中的温升，可以减少米粒破裂或爆腰。随着通过碾白室风量的增加，出机米温升降低，碎米含量也在减少。控制出机米温升在 4 ℃以下，米机增碎最少。主要通过增强穿过碾白室的风量和提高单位产量、碾白运动面积的风量，降低碾米温升。

（2）糙米精选与调质

进入碾米机的糙米的质量，即工艺品质好坏，对碾米增碎也有较大的影响。稻谷经砻谷和谷糙分离、谷壳分离后，净糙中会不同程度地存在糙碎、糙粞和青白片，甚至有沙石和稗粒，由于优质米质量要求相对较高，如果这些物质与糙米一同加工，不但会增加成品米含碎和含杂，还会影响副产品的综合利用。因此，在优质稻米加工工艺中，需要设置糙米精选工序，利用上述物质与糙米在厚度、体积方面的差异，将其从糙米中分离出来。

水分偏低的稻谷或陈稻谷，因其结构力学性能变差，需要进行调质处理，以保持其有良好的加工品质，使之在碾磨时不易被折断或爆腰，达到减少增碎的效果。

所谓糙米调质，是指在一定的环境下，对糙米进行喷雾加湿，并在糙米仓内经过一段时间的湿润调整，来改善糙米的加工品质，以利于米机碾白。糙米调节器的机制是，糙米受雾后，糙米糠层吸水膨胀软化，在糙米粒中形成外大内小的水分递度和内高外低的强度递度分布，糠层与白米粒间产生相对位移，皮层、糊粉层组织结构强度相对减弱，白米粒结构力相对增强，这样就可用较低的碾白压力去除糠层，极大地改善加工品质，大大地降低碾白增碎，提高整精米率和出米率。

（3）回砻谷单独加工

砻谷机利用稻谷籽粒的构造，采取挤压搓撕的办法去除颖壳。一次性脱壳率在 75%~90%，经谷糙分离设备提出糙米后，未能除壳的稻谷需再次砻谷。碾米工艺称这部分稻谷为回砻谷。检验发现，回砻谷大多籽粒小、质量次、有爆腰，如回原砻谷机在相同的工作参数下加工，极易生成糙碎。为减少砻谷时糙碎和爆腰的产生，提高出米率，在有条件的情况下，应积极采取回砻谷单独加工的方法。

(4)白米分级与精选

优质米含碎总量要求在5%~15%，一、二级优质米要求不含小碎米，比一般米标准要求严得多。虽然白米分级筛不产生碎米，但其效果好坏，直接影响成品米的质量和出品率。所以，加工优质米时，需要在使用白米分级筛的基础上，增加使用精选设备。白米分级筛的作用是提取全整米和小碎米；精选机的作用是从碎米中提取整米，并去除稗粒等杂质。

3.提高大米净度

该净度是指稻谷经过清理、砻谷、碾米、白米分级筛精选后的大米所含的杂质（稻、稗、沙、石、糠屑、异色粒等）量大小、表面洁净程度（浮糠多少）和米粒光泽优劣。

(1)白米抛光

抛光也就是湿法擦米，它是将符合一定精度的白米，经着水、润湿以后，送入专用设备（白米抛光机）内，在一定温度下，米粒表面的淀粉胶质化，使得米粒晶莹光泽、不黏附糠粉、不脱落米粉，从而改善其储存性能，提高其商品价值。

(2)白米色选

色选是利用光电原理，从大量的散装产品中将颜色不正常的或遭受病虫害的个体（球、块或颗粒）以及外来夹杂物检出并分离的单元操作，色选所使用的设备即色选机。为保证色选机的分选效能，入机白米要求米粒表面光洁无糠粉，因糠粉会粘在进料通道而影响米粒正常流速，致使色选精度降低。色选工艺要求其精度大于或等于99.5%。通过色选，将黄米粒、病斑粒、乳白粒等异色粒除去，使产品纯度大大提高，感官效果显著，其商品附加值增加。

二 优质稻米包装、运输及贮存

1.包装

绿色食品优质大米的销售包装应符合国家标准GB/T 17109的有关规定，所有包装材料均应清洁、卫生、干燥、无毒、无异味，符合食品卫生要求。所有包装应牢固,不泄漏物料。

(1)加工后的成品米须降温至 30 ℃或不高于室温 7 ℃才能包装。

(2)包装大米的器具应专用,不得被污染。

(3)打包间的落地米不得直接包装出厂。

(4)包装口袋应缝牢固,以防撒漏。

出厂产品应附有厂检验部门签发的合格证,合格证应使用无毒材料制成。

2.标识

绿色食品优质大米的包装器具表面图案、文字的印刷应清晰、端正、不褪色。其包装标识应符合绿色食品大米的包装标识要求,应标注:净含量、品名、执行标准号、质量等级,生产者(或销售者)名称、地址、商标、邮政编码,生产日期、保质期,存放注意事项及专用大米(如免淘米)的食用方法说明,特殊说明、条形码及必要防伪标识。

3.运输和贮存

运输绿色食品优质大米的工具应清洁、干燥、有防雨设施,严禁与有毒、有害、有腐蚀性、有异味的物品混运。

绿色食品优质大米应在避光、常温、干燥和有防潮设施处贮存。贮存库房应清洁、干燥、通风、无鼠虫害,严禁与有毒、有害、有腐蚀性、易发霉、易发潮、有异味的物品混存。

参考文献

[1] 中国水稻研究所,国家水稻产业技术研发中心.2020年中国水稻产业发展报告[M].北京:中国农业科学技术出版社,2020.

[2] 程侃声.亚洲稻籼粳亚种的鉴别[M].昆明:云南科技出版社,1993.

[3] 李成荃.安徽稻作学[M].北京:中国农业出版社,2008.

[4] 中国水稻研究所.中国水稻种植区划[M].杭州:浙江科学技术出版社,1988.

[5] 童裕丰,叶培根,周书军.水稻机械育插秧技术[M].北京:中国农业科学技术出版社,2009.

[6] 黄发松,胡培松.优质稻米的研究与利用[M].北京:中国农业科学技术出版社,1994.

[7] 施能浦,焦世纯.中国再生稻栽培[M].北京:中国农业出版社,1999.

[8] 罗汉钢,刘元明.水稻农药使用手册[M].武汉:湖北科学技术出版社,2010.

[9] 李文新,侯明生.水稻病害与防治[M].武汉:华中师范大学出版社,2002.

[10] 农业部种植业管理司,农业部农药检定所.新编农药手册[M].2版.北京:中国农业出版社,2015.

[11] 汪强,方春华,程一阁,等.水稻合理用药指南[M].合肥:安徽科学技术出版社,2002.

[12]《植保员手册》编绘组.植保员手册[M].5版.上海:上海科学技术出版社,2006.

[13] 安徽省农业委员会.安徽农业抗灾生产技术[M].北京:中国农业出版社,2004.

[14] 朱永义.稻谷加工与综合利用[M].北京:中国轻工业出版社,1999.

[15] 张培江.优质水稻生产关键技术百问百答[M].北京:中国农业出版社,2005.

[16] 张培江.水稻生产配套技术手册[M].北京:中国农业出版社,2013.